大气降尘对塔里木盆地植被影响的研究

Daqi Jiangchen Dui
Talimu Pendi Zhibei Yingxiang de Yanjiu

莫治新 著

西南财经大学出版社
Southwestern University of Finance & Economics Press

图书在版编目(CIP)数据

大气降尘对塔里木盆地植被影响的研究/莫治新著. —成都:西南财经大学出版社,2012.6
ISBN 978-7-5504-0639-1

Ⅰ.①大…　Ⅱ.①莫…　Ⅲ.①落尘—影响—塔里木盆地—植被—研究　Ⅳ.①X513②Q948.524.5

中国版本图书馆 CIP 数据核字(2012)第 096318 号

大气降尘对塔里木盆地植被影响的研究

莫治新　著

责任编辑:李特军
助理编辑:林　伶
封面设计:杨红鹰
责任印制:封俊川

出版发行	西南财经大学出版社(四川省成都市光华村街55号)
网　　址	http://www.bookcj.com
电子邮件	bookcj@foxmail.com
邮政编码	610074
电　　话	028-87353785　87352368
照　　排	四川胜翔数码印务设计有限公司
印　　刷	郫县犀浦印刷厂
成品尺寸	148mm×210mm
印　　张	5.75
字　　数	135千字
版　　次	2012年6月第1版
印　　次	2012年6月第1次印刷
书　　号	ISBN 978-7-5504-0639-1
定　　价	18.00元

前言

塔里木盆地地处欧亚大陆腹地，位于新疆南部，它的北部为天山山脉，南部为昆仑山与阿尔金山，东北部与吐鲁番盆地相邻，西部与帕米尔高原接壤，盆地地形西南高、东北低。在行政区划上包括巴音郭楞蒙古自治州（简称巴州）、克孜勒苏柯尔克孜自治州（简称克州）、阿克苏地区、喀什地区、和田地区和农一师、农二师、农三师和农十四师。塔里木盆地土地资源丰富，光热资源充足，是国家级的棉花基地、新疆重要的粮食和名优果品基地；石油天然气资源丰富，是我国21世纪能源战略接替区和石油化工基地。因此，塔里木盆地在新疆的发展战略中地位十分重要。

塔里木盆地频繁的沙尘天气及干燥的地表使得降尘极为严重。塔里木盆地既是扬尘区，也是降尘区，其降尘的组成、来源，影响降尘的因素、降尘的时空分布规律具有典型的代表性。因此，本书在国家自然科学基金项目（30900206）的资助下探讨了塔里木盆地大气降尘的性质、数量和空间分布，香梨、苹果、棉花及玉米受降尘影响后其生理及营养特性的变化趋势，旨在揭示降尘这一自然天气现象对当地植被形成及演化过程的长期影响，为农业生产、土地利用、植被建设、环境保护等方面提供科学依据。

本课题在实施过程中得到了王冀萍、王家强、柳维扬、温善菊、韩路、邱龙、罗峰、龚玉柱、井颜琴、周明露、梁琦、刘平军等人的大力协助,在此表示衷心的感谢。

由于编者水平有限,编写时间仓促,错误在所难免,敬请广大读者批评指正。

编者

2012 年 2 月

目　录

第一章　绪论

第一节　研究目的及意义

塔里木盆地地处欧亚大陆腹地，三面环山，地势西高东低，呈东南开口簸箕状。盆地降水稀少，蒸发强烈，植被稀疏，以荒漠为主，绿洲面积很小。下垫面中央主体部分是广袤干燥的塔克拉玛干大沙漠，面积为 337 600 km^2，形成的浮尘可随高空西风急流远距离输送数千公里甚至上万公里，影响整个东亚乃至太平洋的西岸地区，在世界四大沙尘源区中属中亚区的一部分，是世界范围内浮尘天气最集中的地区之一。塔里木盆地频繁的沙尘天气及干燥的地表使得降尘极为严重。塔里木盆地既是扬尘区，也是降尘区，其降尘的组成、来源，影响降尘的因素、降尘的时空分布规律具有典型的代表性。本书通过对塔里木盆地大气降尘的性质、组成、数量、来源及不同植被接受降尘后性质变化等进行研究，揭示降尘这一自然天气现象对当地植被形成演化过程的长期影响，为农业生产、土地利用、植被建设、环境保护等方面提供科学依据。

第二节　研究内容

一、确定研究区降尘量的时空分布规律

在研究区设置接尘点，按月收集降尘，统计降尘量并分析降尘的物理及化学性质，掌握其在不同月份及空间范围内的变化规律。

二、降尘对香梨叶片影响的研究

在香梨不同树龄的园地设置样地，选择受降尘及不受降尘影响的香梨树作为样本，按生育期定点测定香梨叶片的生理指标，并采集香梨叶片进行成分分析。

三、降尘对苹果叶片影响的研究

选择不同品种的苹果园地作为样地，选择受降尘及不受降尘影响的苹果树作为样本，按生育期定点测定苹果叶片的生理指标，并采集苹果叶片进行成分分析。

四、降尘对棉花叶片影响的研究

选择受降尘及不受降尘影响的棉田作为样区，按生育期定点测定棉花叶片的生理指标，并采集棉花叶片进行成分分析。

五、降尘对玉米叶片影响的研究

选择受降尘及不受降尘影响的玉米地作为样区，按生育期定点测定玉米叶片的生理指标，并采集玉米叶片进行成分分析。

第三节　技术路线

大气降尘对植被影响的研究总体思路如图 1-1 所示。

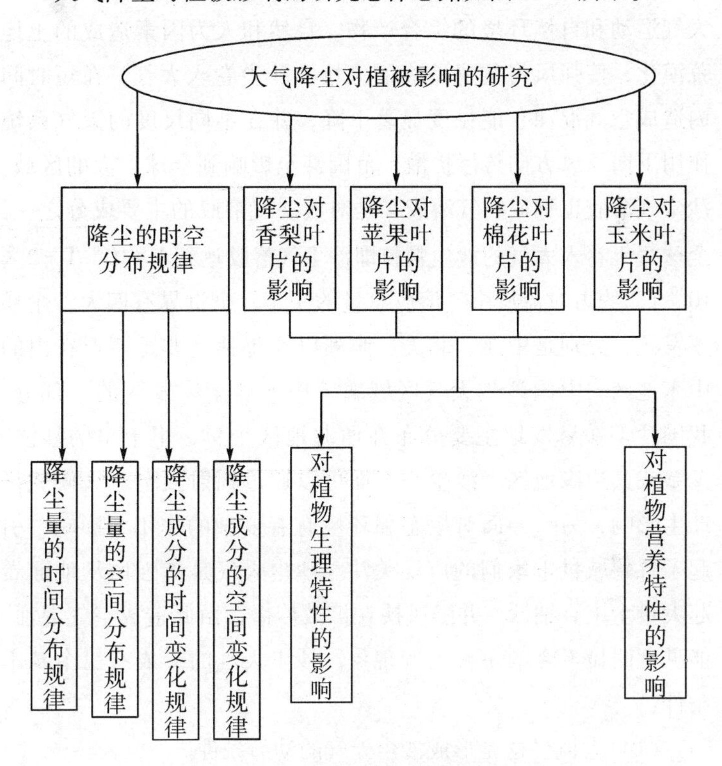

图 1-1　研究总体思路图

第四节　沙尘的基本特征

沙尘天气是一种在干旱、半干旱地区常见的天气现象，是大气运动和自然环境的综合产物。自然和人为因素造成的土地荒漠化，使强风将贫瘠地表的土壤、沙尘卷入大气，在短时间内造成空气混浊、能见度显著下降，并在不同尺度的天气系统作用下向下风方向传播扩散，范围甚至影响到全球广大的区域。沙尘气溶胶也称矿物气溶胶，是对流层气溶胶的主要成分之一，全球每年卷入大气的沙尘颗粒即沙尘气溶胶达到 1×10^{10} T ~ 2×10^{10} T，约占对流层中气溶胶总量的一半。全世界有四大沙尘暴多发区，分别是中亚、北美、澳洲以及包括北非至西亚在内的中东地区。中国沙尘天气区域属于中亚沙尘多发区的一部分，我国沙尘暴易发地主要分布在西北地区干旱、半干旱的沙漠、戈壁或其边缘地区。沙尘一方面可以通过辐射强迫对气候变化产生影响，另一方面对生态和环境有着复杂的作用与影响，引起了各领域科学家们的广泛关注。沙尘天气是指强风从地面卷起大量尘土、细沙，并随风挟卷扩散传播，由此造成空气混浊、能见度明显下降的一种天气现象。沙尘天气的形成有三个基本条件：

（1）大风，这是形成沙尘天气的动力条件。

（2）地面上的沙尘，它是物质基础。

（3）不稳定的大气层结状态，它是重要的局部地区热力条件。

2006年国家质量监督检验检疫总局和国家标准化管理委员会批准颁布了国家标准《沙尘暴天气等级》，规定了沙尘天气和沙尘天气过程的等级，将沙尘暴天气划分为浮尘、扬沙、沙尘暴、强沙尘暴、特强沙尘暴5个等级（划分标准见表1－1）：

（1）浮尘：当天气条件为无风或平均风速小于或等于3.0 m/s时，尘沙浮游在空中，使水平能见度小于10 km的天气现象。

（2）扬沙：风将地面尘沙吹起，使空气相当浑浊，水平能见度为1 km～10 km的天气现象。

（3）沙尘暴：强风将地面尘沙吹起，使空气很浑浊，水平能见度小于1 km的天气现象。

（4）强沙尘暴：大风将地面尘沙吹起，使空气非常浑浊，水平能见度小于500 m的天气现象。

（5）特强沙尘暴：狂风将地面尘沙吹起，使空气特别浑浊，水平能见度小于100 m的天气现象。

表1－1　　沙尘暴天气划分标准

<table>
<tr><th></th><th>成因</th><th>能见度</th><th>天空状况</th><th>风力</th><th>大致出现时间</th></tr>
<tr><td>浮尘</td><td>远地或本地产尘沙尘暴或扬沙后，沙尘等细粒浮游空中而形成</td><td>水平能见度<10 km，垂直能见度也较差</td><td>远物呈土黄色，太阳呈苍白色或淡黄色</td><td>≤3.0 m/s</td><td>冷空气过境前后</td></tr>
<tr><td>扬沙</td><td rowspan="4">本地或附近沙尘被风吹起，使能见度显著下降</td><td>1 km～10 km</td><td rowspan="4">天空混沌，一片黄色</td><td>风较大</td><td rowspan="4">冷锋或雷暴、飑线过境</td></tr>
<tr><td>沙尘暴</td><td>0.5 m～1 000 m</td><td>风很大</td></tr>
<tr><td>强沙尘暴</td><td><500 m</td><td>风非常大</td></tr>
<tr><td>特强沙尘暴</td><td><100 m</td><td>风极大</td></tr>
</table>

一、沙尘暴

1. 沙尘暴的成因

沙尘暴是特定的气象和地理条件相结合的产物，其形成必须同时具备以下三个条件：大风、丰富的沙尘物质及不稳定的空气状态。其中大风是形成沙尘暴的动力条件，只有具备强而持久的风才能吹起大量的沙尘；丰富的沙尘源是形成沙尘暴的物质基础，沙漠，退化的林、草地，无植被覆盖的干松土地，城乡建筑工地的泥沙等都可能成为沙源；不稳定的空气状态则导致局地热对流猛烈发展，产生强大动力将沙尘卷入高空，从而形成沙尘暴或扬沙天气。尽管沙尘暴同洪水、地震和火山喷发一样，是大自然万物消长中的一环，有其自身的活动规律，但近代沙尘暴发展趋势剧增与自然资源被过度开发利用，以及不合理的人为活动干扰造成的大面积植被破坏、沙化加剧、水土流失、土壤次生盐渍化密切相关，不能完全归结为自然风沙活动的结果。可以说，正是人类不合理的经济活动加剧了沙尘暴的强度和频率，或者说沙尘暴是伴随人类活动破坏生态平衡而愈演愈烈的。沙尘暴天气强度划分标准见表 1－2。

表 1－2　　沙尘暴天气强度划分标准

	瞬间最大风速	最小水平能见度
特强沙尘暴	≥25 m/s	0 级：<50 m
强沙尘暴	≥20 m/s	1 级：50 m～200 m
中沙尘暴	≥17 m/s	2 级：200 m～500 m
弱沙尘暴	≥10 m/s	3 级：500 m～1 000 m

2. 沙尘暴的传输

沙尘暴天气过程所产生的沙尘气溶胶微粒在输送过程中不断地沉降、扩散和稀释，但粒径在0.5 微米～4.0 微米（μm）的沙尘气溶胶粒子具有远距离输送的能力，可随大气环流输送到较远的地方去，对那里的天气和气候产生影响。例如，中国西北地区的沙尘暴天气过程可将当地的黄沙粒子输送到日本、韩国、中国台湾地区甚至北太平洋地区，作为该地上空冷却云中凝结核的一部分，起到增加降水的作用。撒哈拉及其周围干旱区的沙尘可由热带东风气流携带，越过大西洋，输送到美洲大陆，还可通过沙尘暴过程输送沉降到欧洲中部、南部以及德国北部等地区。

我国北方春季的沙尘天气是与冷空气活动产生的大风相伴出现的。与冷空气活动路径相联系，西北地区沙尘暴天气的出现主要有三条移动路径（见图1－2），即西北路径（冷空气源

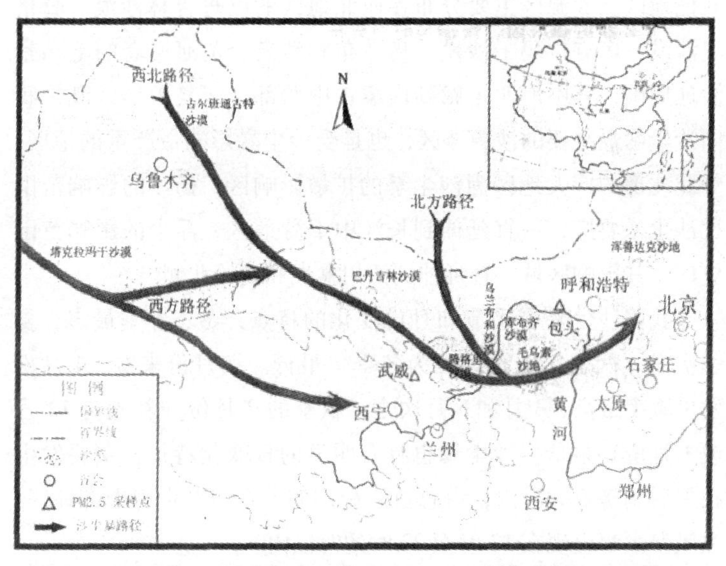

图1－2　我国主要沙漠分布及西北地区沙尘暴移动路径示意图

于北冰洋冷气团，强冷空气自西西伯利亚向东南经我国北疆、内蒙古西部入侵河西走廊，造成大风沙尘暴，穿过巴丹吉林和腾格里沙漠，然后东移至鄂尔多斯高原）、西方路径（主要发生在塔里木盆地、河西走廊西部、青海省等）、北方路径（从蒙古国经我国内蒙古中部到达宁夏、陕北、华北等地），其中西北路径沙尘暴天气最多，约占总数的68%，且该路径沙尘暴有移动迅速、强度大、影响范围广、灾害重的特点。

3. 沙尘暴的时空分布

全世界四大沙尘暴多发区分别位于中亚、北美、中非和澳大利亚，无不与广阔的沙漠相联系。我国的沙尘暴属于中亚沙尘暴区的一部分，主要发生在北方干旱及半干旱地区，是世界上唯一在中纬度地区发生沙尘暴最多的区域。总的特点是西北多于东北地区，平原（或盆地）多于山区，沙漠及其边缘多于其他地区。沙源区主要分布在西北地区的巴丹吉林沙漠、腾格里沙漠、塔克拉玛干沙漠、乌兰布和沙漠、黄河河套的毛乌素沙地周围，其中河西走廊到内蒙古中西部、宁夏干旱区既是我国沙尘暴最主要的沙源地区，也是受沙尘暴影响最严重的地区，华北北部的广大地区为沙尘暴的扩散影响区。扬沙的影响范围比沙尘暴要广，一直延伸到长江中下游地区。浮尘的影响范围更广，其影响区域一直延伸到四川盆地和南岭北侧。

我国沙尘暴有季节和月份变化的特点，冬、春季最多，夏季次之，秋季（新疆地区为冬季）最低。按月份来看，4月份发生频率最高，3月和5月次之，秋季的9月份（新疆为12月或1月份）最低。沙尘暴也具有明显的日变化特征，主要发生在午后到傍晚时段内，占总数的65.4%。在河西走廊中部地区，黑风暴大都出现在12时至22时的时段内。

4. 沙尘暴的危害

沙尘暴的危害作用主要表现在以下四个方面：

（1）风沙流的吹蚀与磨蚀：可使肥沃的土壤变得贫瘠，农田及各种农业设施遭到损害，农作物减产甚至绝收。

（2）流沙埋压：沙尘暴所经之处，大量沙粒沉积，可以流沙的形式掩埋农田、草场、居民区、工矿、铁路、公路等，使当地景观发生变化。

（3）大风袭击：沙尘暴来势凶猛，伴随超强的风速，产生严重的风蚀现象，是土地沙漠化最重要的因素之一。此外，破坏力巨大的风可以袭击各种工、农业设施，拔树毁房，吹翻机动车辆，伤害人畜，还可以中断供电线路、破坏交通和通信设施等。1993 年 5 月 5 日发生在我国西北地区的特大沙尘暴，使新疆、甘肃、内蒙古、宁夏四省（区）共死亡 85 人，伤 264 人，失踪 31 人，死亡和丢失牲畜 120 000 头，受灾农田和林地达几十万公顷，数以百计的塑料大棚被毁，公路、铁路、供电线路、基础设施等破坏严重，经济损失达数亿元。2000 年 3 月中下旬的沙尘暴使内蒙古阿拉善左旗和额济纳旗 376 眼人畜引水井被风沙埋没，近千座牲畜棚圈和塑料大棚被破坏，牧民的 800 000 kg 饲草被风刮走，80 000 多亩麦田麦种被吹出，直接经济损失达上千万元。

（4）污染环境：沙尘暴过程使大气中悬浮颗粒物浓度剧增，产生严重的环境污染，既使人体健康受到损害，也影响植物的光合作用。另外，随着人们对卫星及地面无线电系统使用的持续增长，所用频率也越来越高，沙尘暴对无线电波产生的影响也引起了国内外学者的重视。不过，有研究表明，在遥远的过去，黄土高原由沙尘暴输送的沙粒和土壤堆积而成，夏威夷群岛上最初的土壤来自中国西北地区干旱苍凉的荒原。还有人认为沙尘暴对中和酸雨、减轻温室效应、减缓全球变暖趋势能起到一定的积极作用。

二、扬沙

扬沙是指地面尘沙吹起，使空气相当混浊，水平能见度小于10.0 km。扬沙与沙尘暴都是由于本地或附近地区的沙尘被风吹起而造成的，其共同的特点是能见度明显下降，天空浑浊，呈现灰黄色。两者大多在冷空气过境或受到冷锋等天气系统影响才会出现。它与沙尘暴的不同之处是：

（1）扬沙指在水平能见度为50 m之内者有起沙现象。

（2）大风将地面较细的沙（尘）吹起（或在沙尘暴沉降时留下的细沙尘），天色略显浑浊。

（3）扬沙在沙漠腹地多因局部热力作用形成，但也有由环流形成的天气系统的影响形成。

（4）扬沙一般持续时间较短，而沙尘暴一般持续时间较长。

扬沙日数一般比沙尘暴日数多。但在研究区内，由于区域性分布，各地沙粒粒径不同，起沙风不同，因此扬沙日数有差异。从季节上划分：冬季1月份，沙漠为蒙古高压控制，空气层十分稳定，扬沙日数较少；春季4月份，扬沙日数普遍增多，即成为全年中最多扬沙之季；夏季7月份，扬沙仅次于春季（个别地方多余春季），这是由于夏季是植物、作物生长茂盛季节，降水量较多，空气和地表层湿度较大，致使扬沙日数减少；秋季10月份，扬沙日数减少非常明显，但和冬季1月份相比，则比冬季偏多。

三、浮尘

1. 浮尘起源地

全世界有四大浮尘源区：中亚、北美、中非和澳大利亚。这四大浮尘区都对应着著名的大沙漠，即中亚卡拉库姆中央沙漠与塔克拉玛干沙漠、中非撒哈拉沙漠，澳大利亚维多利亚沙漠和北美加州沙漠。它们占地球上陆地表面的36%，总覆盖面积达$4.33\times10^{7}\ km^{2}$，表明广阔的沙漠是浮尘源区的物质基础。最典型的沙尘源区像撒哈拉和中国的北部和西北部地区，这些地区的上空的强气流能将尘粒输送到几千公里以外。刘蔚等对降尘颗粒的测量和沙尘暴观测的证据表明，中国的沙尘主要来自于黄土高原北部和西北地区的干旱半干旱地区。刘树华等人通过对沙尘暴天气的成因分析，确认我国沙尘主要起源于甘肃、内蒙古、宁夏等地的干燥沙漠地带，其次为南疆沙漠，南疆一带的浮尘主要是就地产生的。源于干旱半干旱地区的粉尘又可分为两类：中国西北部沙漠以北地区、嘉峪关、黑河、吉兰泰以北的沙漠高粉尘区，民勤、定西、榆林、达拉特旗以北的沙漠低粉尘区。

2. 浮尘的成因

近几年来，我国的浮尘天气有增加的趋势，可能是亚洲中部沙尘暴区趋于活跃所致。浮尘的形成是多方面因素造成的，主要原因有：

(1) 天气因素

张平等人的有关研究指出，沙尘天气的形成一般要有三个基本条件：①有够强的风力。②不稳定的大气层结状态。③下垫面存在丰富的沙尘源。短期内，若沙尘源变化不大时，沙尘天气的频率取决于前两个条件。我国西部半干旱和干旱地区降水稀少，而且春季降水只占全年的10%左右；近年出现罕见的暖冬，冬季温度持续偏高，春季升温迅速；加之在冷空气到来的同时有温带气旋在内蒙古到东北地区一带强烈发展，导致风速≥8 m·s^{-1}时较多。强大风动力出现的时间与春季干旱同步，给沙尘天气提供了气象条件。

（2）地面因素

受全球气候变暖的影响，近年来，降水持续偏少，春夏连旱，冬季温度偏高，地表气态水凝聚减少，一到春天，气温升高，地表干燥，土壤颗粒疏松，浮土较多。农牧生态交错带大面积开垦，草原退化严重，使我国沙化土地面积达1 689 000 km^2，约占国土陆地总面积的17.6%，沙漠化土地以每年3 500 km^2 的速度在扩展。不断扩大的沙尘源给浮尘天气的形成提供了物质条件。同时，当地特殊的地形条件也会加剧浮尘天气的形成。何清等人对塔里木盆地浮尘的研究发现，盆地的特殊地理环境使东部气流向西输送，形成“东灌”天气。这样，盆地沙漠里的沙尘微粒随东、西方气流输送，在南部昆仑山和田地区至喀什地区西部汇聚，形成该地区浮尘的高值区，而盆地北部东部则为低值区。

3. 浮尘的时空分布规律

（1）浮尘的空间和时间分布

何清等人的研究表明，我国沙尘天气多发区分别位于以民丰至和田为中心的南疆盆地和以民勤至吉兰泰为中心的河西地区。而浮尘分布主要向东南方向扩展，可涉及整个黄淮海平原和长江中下游地区。因此，上风方向的中高纬地区，如北疆和东北北部地区，浮尘分布较少。刘玉璋、张宁的研究都发现降尘量在不同地区差别较大：北方高于南方，西部大于东部，城市高于农村，绿洲大于戈壁并随海拔增高而减小。肖洪浪进一步的研究表明微地貌亦影响降尘量的再分配，但年变化趋势完全一致。霍文以南疆地区为例，发现浮尘最严重区域是塔里木盆地西南部和东部。其中出现最多的是沙漠南缘的和田地区。从本质上来讲，浮尘是规模巨大的天气系统的自然现象，也有一定的周期性。张德二通过分析 1 156 条降尘记录，发现近一千年来浮尘约有五个频发期，每次持续 90 年左右。据何清研究，浮尘午后至傍晚出现较多，夜间至清晨出现较少。降尘在年内分布极不均匀，秋冬两季较少，春夏两季较多，其降尘量约占全年的76%。

（2）浮尘的迁移活动

在浮尘发源地，沙粒和黄土可以上百万吨地被强风卷起吹扬，沙尘在 2 000 m ~ 5 000 m 的高空中移动，分上下两层飘洋过海。通过大气环流作用，可进行长距离的移动。因为浮尘的形成和移动主要取决于气象、地形、地面条件等，且不同粒径的粒子迁移沉降的地点不同，所以它的移动路线较难准确把握。全浩认为，我国浮尘的移动路线主要有两条：一是从新疆东部形成后由西往东，经河西走廊、内蒙古西部到内蒙古中部、华北北部一带转向东南方继续南下，扩展到长江中下游并进入东部海域，此为 Z 形路线。二是来自蒙古高原的冷空气直入内蒙古中部，经二连浩特、浑善达科沙地和张家口等地南下，随西北风经北京、天津出海，此为 L 形路线。国外的学者对这方面研究颇多，德正（Tegen）在全球模式中模拟了撒哈拉地区沙尘的起源、传输和分布；特码图（Uematu）模拟了亚洲沙尘的跨太平洋传输。吉列（Gillette）通过野外风洞试验和观测得出了沙尘粒子起动的摩擦速度与下垫面土壤的特性有很大关系的结论。帕灵顿（Parrington）和卓勒（Zoller）通过空气团移动轨迹分析，发现在夏威夷上空观测到高浓度矿物成分，可以追踪到亚洲大陆。他们连续3年在夏威夷的冒纳罗站观测亚洲尘，而且发现铝的浓度每年都有周期性的变化规律，高峰期出现在每年春天，铝浓度比其他季节高出一个数量级。2001年4月18日，美国海洋大气局宣称，在北美洲，从阿拉斯加到亚利桑那州和落基山山麓丘陵都有中国沙尘的覆盖。近年来，日本与中国科学院等有关单位协作的关于“阐明起源于亚洲内陆地区浮尘的发生机理及其远程输送过程”项目在1999年开始启动，目的是以大陆干旱区、半干旱区发生的浮尘为对象，了解亚洲内陆地区浮尘的发生、输送机制及其现状，通过实地考察，研究沙尘暴的发生、浮尘的起因、浮尘等大气悬浊粒子远程输送的机制以及输送中所发生的物理、化学的变化过程，并且建立浮尘发生、输送综合化模型，查明浮尘的形成、在大气中的输送以及在北半球内远程输送的时空分布。

4. 浮尘对环境的影响

浮尘作为一种化学稳定的大气成分，为研究与之联系的区域和全球尺度的大气运动及环境变化提供了良好的对象，但由此引发的气候学效应及导致自然环境的恶化，已成为不可忽视的大气环境问题。因此，可以说它是一把“双刃剑”。

(1) 浮尘的生态效应

浮尘颗粒可吸附酸性气体。这些细微颗粒在空气中大规模飘荡，减轻了废气过度积累造成的污染，有净化大气的作用。同时浮尘是天然的中和剂，把酸雨沉降的二氧化硫和氮氧化物等酸性气体中和，缓冲降雨的弱酸性，同时也延缓了土壤酸化进程。再则，浮尘适合作水汽的凝结核，促进云层的形成，促进降雨的形成。当浮尘飘洋过海，落下的沙尘含有矿物质营养成分，成为陆地和海洋生态系统的无机营养供给源，有利于海洋生物的生长发育。而由浮尘转化而来的降尘还能为植物提供矿质营养源。

（2）浮尘的负面效应

研究证实，粉尘、灰尘能抑制植物的光合作用和呼吸作用，且使植物群落结构因降尘污染变得简单。浮尘还能污染空气、土壤、水源、农作物及一切地面设施，影响能见度，缩短光照时间，降低光照强度和质量。据分析，浮尘是影响日照和散射辐射的主要因素。严重浮尘可使牲畜患病甚至死亡，造成交通中断，还会危害人类的身心健康。如韩国汉城2000年3月29日的沙尘暴引起的喉咙疼痛，据分析是沙尘携带来的致病细菌、金属元素在长距离飞行过程中，路过工业地带，与污染性有害金属元素一起运行和沉降的结果。浮尘天气灾害还包括污染食物和居室环境，致使电源短路和无线电、电话传输中断，仪器仪表磨损，使环境恶化等。

第五节　大气降尘的研究进展

以自身重力作用自然沉降于地面的颗粒物被称为大气降尘，它是广义的大气气溶胶的组成部分。其粒径一般大于10 μm，小于100 μm，但当有降水出现时，由于冲刷作用，粒径可小于10 μm。大气降尘是地球表层“地—气”系统物质交换的一种形式，降尘过程有重要的环境指征意义。降尘既受天气过程的影响，又与区域性的人类活动密切相关。

一、国外研究进展

国外对降尘的研究一般是围绕沙尘暴事件进行的，如利用沙尘暴期间的降尘粒子研究海盐对降尘粒子大小的影响、远距离传输等。对常规的降尘污染研究较少，但也有人研究了降尘对湖泊、森林生态环境的影响。张代洲于 2000 年 4 月 8、12、27 日的三次尘暴事件期间，在日本西南部的 Kumamot 收集降尘粒子进行分析，研究表明：离开亚洲大陆到达日本西南部的尘粒，由于在海上边界层中和海盐混合，其粒径平均增大 0.4 μm ~ 0.8 μm 左右。同时指出降尘粒子和海盐这种作用机制还不十分清楚，也是将来研究中亟待解决的问题。理解这种作用机制对研究矿物对海洋的输入有十分重要的意义。Lee. H. N. 等利用三维化学传输模式，模拟了 2000 年源于世界主要源区的尘粒的全球传输。经该模式计算的全球主要源地影响日本的月总降尘量和当地的观测结果十分吻合。曹军骥等通过对香港 7 个点可吸入悬浮颗粒物（RSP）、总悬浮颗粒物（TSP）的监测证明，1998 年 4 月 14 ~ 15 日发生在中国西北部的沙尘暴颗粒物两天后被传输到了香港。而 4 月 19 日的沙尘暴则对香港的大气没有影响。跨大陆、大洋的沙尘暴引起众多科学家和环境工作者的关注，这也促使这一领域的研究走向国际合作。1994 年中国和朝鲜政府的峰会及 1996 年科学部长会议达成了协议，两国联合研究 RS（Reddish - brown Sand）和 SD（Significant Dustfall）。1997—2000 年监测期间，在朝鲜每年有 8 次 ~ 12 次显著的降尘发生，天数为 12 天 ~ 22 天。他们认为显著的降尘不仅对人类健康和生态环境十分有害，对工业生产活动和产品也会产生负面影响。对于城市内的常规降尘国外一般注重微观区域的研究。马克和法费尔（Mark R，Farfel）等选择美国的巴尔的摩（Baltimore，MD）为研究区域，对该地区房屋拆迁所产生的降尘对周围街区、道路、小巷的影响进行的研究结果表明，在房屋拆迁后，周围人行道、马路、小巷的降尘中铅（Pb）的含量明显比房屋拆迁前高，其中马路上含量增加 200%，小巷上含量增加

138%，人行道上含量增加26%。

二、国内研究现状

在国内，到目前为止有关降尘的研究较少，研究主要集中于TSP、飘尘和可吸入颗粒物PM10和PM2.5，而且为数不多的研究还仅仅局限于对国内大型及重污染城市如北京、兰州、南京等进行的研究。研究主要包括降尘元素特征、来源、时空变化趋势分析等方面。

1. 大气降尘的元素特征研究

在元素分析方面大多采用等离子体原子发射光谱法和中子活化分析法，从所测定的元素中找出主要污染元素，为研究区的污染治理提供基础数据，并提供一些建议。客绍英等应用中子活化分析法对唐山市中心的大气降尘进行了元素分析并得出结论，唐山市区主要污染元素为Fe、Sr、Ca，且这三种元素在五个功能区内都有冬、春季偏高，夏、秋季偏低的趋势。杨丽萍等在1997年5月至1998年4月用日本制造的3020E型X射线荧光光谱仪，测定了兰州市大气降尘中Fe、Si、Al、Ca、K、Mg、Na等24种元素的相对浓度，结果表明兰州大气降尘元素浓度年内变化情况可以分为三类：冬高型、平均型和冬低型。赵国涛等应用均值—极差控制图对成都市城区内大气降尘中的汞元素含量的分布特点进行了分析，结果表明，成都市城区内汞元素的产生过程是基本稳定的，总体上处于统计控制状态。大气降尘中的金属元素污染物具有不可降解性，它们的存在对环境来说是一种潜在的威胁。在研究方法上，目前还不是很丰富，主要有标准曲线法和富集因子法。罗莹华等应用标准曲线法对广东韶关市进行了金属元素的分布特征研究，结果发现降尘的季节性分布是：秋季大于冬季大于春季大于夏季。学者殷汉琴应用富集因子法分析了北京、兰州、西安、重庆、太原等9个城市大气降尘中的重金属元素的分布规律，结果表明：大气降尘中 Pb、Zn、Cd、As、Cu 等元素污染较严重，Cr、Mn、Co、Ni 等元素污染较小，重工业城市和大的综合型城市的大气降尘中重金属污染较中小型轻工业严重。

2. 大气降尘的时空变化趋势研究

从20世纪80年代起，我国很多城市的大气监测站就开始收集大气降尘的样品，积累了很多的数据，但是多数数据都没有被很好地利用。近年来，一些学者注意到了这个问题，开始对数据进行系统的统计和分析，试图揭示研究区降尘的时空分布规律以及变化趋势。吴向东等对辽阳市1981—2000年的降尘资料进行了分析，分别统计了全市年际、季际、月际降尘的变化量，找出了其变化规律及变化趋势，此外还按年际和月际分析了各功能区（工业区、交通区、居民区和清洁区）降尘量的时空变化。王国平等对1984—1993年长春市南湖大气降尘数据进行了分析，探讨了冬季与夏季的代表月份以及10年间的代表年份大气降尘长期演变规律。此外，赵同谦等在引入降尘污染指数后，利用 ARC/INFO 软件进行图像处理，对焦作城区降尘污染程度进行了分区和评价；张志伟等运用灰色理论模型对邯郸市降尘量进行了预测，取得了一定效果。王建华等利用青岛市空气自动监测系统近三年监测资料与同期气象资料，对青岛市空气污染预报方法进行了研究，通过因子初选和相关性分析，针对不同季节和不同污染物，应用逐步回归法，分别建立了青岛市的大气污染预报方程。

综上所述，目前国内外学者对大气降尘的研究主要集中于对重金属污染的研究，而对有机质、植物所需的大量营养元素 N、P、K 及盐分的研究较少。对大气降尘时空变化趋势的研究主要集中于对城市不同功能区降尘空间分布规律的研究，而未对不同植被覆盖区域的降尘分布规律进行研究。

3．大气降尘对植物影响的研究进展

各国已意识到自然降尘对植物的一些危害。杜尔格（Durge）等发现随着小麦叶片接受降尘量的增加，叶绿素的含量、蒸腾强度降低，生物量和产量减少。希拉诺（Hirano）发现黄瓜和四季豆叶片覆盖降尘后，叶片的光合速率下降，叶温升高，蒸腾速率加快。不仅如此，降尘还可引起植物叶片成分的改变。如瑞士温特图尔地区一年龄云杉枝叶因吸附了大气颗粒，叶面含有较丰富的Al、Cr、Cu、La、Sc、Th、V。国内对沙尘暴的研究是从20世纪70年代开始的，我国学者也研究了煤烟尘、水泥粉尘、自然降尘等对农作物、蔬菜作物等的影响。如沈明珠等用模拟试验法研究了煤烟尘对油菜产量和品质（如可溶糖、维生素C、粗蛋白质）的影响。丁启夏通过室内盆栽模拟试验和室外污染区盆栽实验，研究发现煤烟尘危害蔬菜作物后能降低其叶片叶绿素的含量及光合强度。冯武焕通过模拟煤烟降尘对大白菜生长的影响试验，发现受降尘污染的大白菜叶片失绿枯萎、向上卷缩或停止生长发生扭曲；受害症状严重者出现坏死褐斑，叶片主脉甚至侧脉干枯。杨茂生对受水泥粉尘污染的黄帝陵侧柏叶的光合、呼吸和蒸腾作用及相对气孔扩散阻力进行测定的结果表明，随叶片受污染程度的加重，其光合强度、呼吸强度和蒸腾强度均表现为下降趋势，而相对气孔扩散阻力却相应增大。孟范平等研究了灰尘对植物的影响，颗粒物在植物表面积累，降低了光合强度，使叶温升高，加剧叶组织内的高温胁迫和植物对干旱的敏感性。另外，灰尘能阻止花粉萌发，减少植物的座果率，从而抑制生殖生长。李萼等探讨了受降尘影响的棉花与无降尘棉花在形态结构、生理生化特性和产量等方面的差异，该课题在新疆进行的大田试验结果表明，降尘对作物（棉花、小麦）的影响结果比较明显。目前，关于降尘对植物影响的研究主要针对大气降尘对作物的生理特性进行，但降尘对植被营养特性的影响研究较少。

第二章　研究区概况

第一节　自然概况

塔里木盆地位于新疆南部，地理坐标为74°00’～93°00’E，36°00’～42°00’N。它的北部为大山山脉，南部为昆仑山与阿尔金山，东北部与吐鲁番盆地相邻，西部与帕米尔高原接壤，盆地地形西南高、东北低，东西长1 500 km，南北宽600 km，包括周边山区总面积105×10^4 km^2，占新疆总面积的63%。盆地面积53×10^4 km^2，盆地中心塔克拉玛干沙漠面积33.76×10^4 km^2，山前平原和绿洲仅19.24 km^2，是世界上最大的盆地（见图2－1）。因盆地远离海洋，周围被高山环抱，阻断了海洋性气候的进入，所以极端干旱，雨量极少。塔里木盆地土地资源丰富，光热资源充足，但受自然、地理和历史因素的影响，长期以来是中国的贫困地区之一。

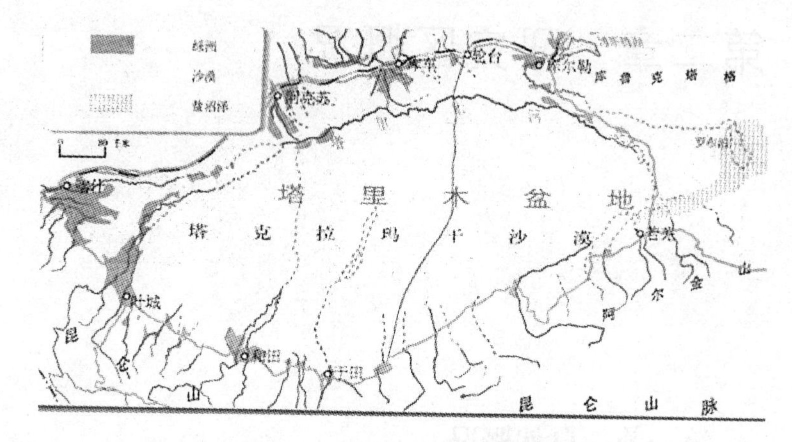

图 2-1 塔里木盆地地理位置

一、地质

塔里木盆地是一个由太古界和远古界拼合组成的古老陆块。震旦系为第一个盖层，总体以陆源碎屑为主。盖层发育齐全，从震旦系到二叠系厚达 17 965 m。震旦系和古生界是地台型盖层沉积，以海相为主，晚期火山喷发，渐变为陆相沉积；中、新生界是盆地型沉积，以陆相为主；晚白垩纪至早第三纪为海相沉积。整个盆地由于经历了地台和盆地两种截然不同的发展阶段，形成了两大套完全不同的层系，即古生代海相和中至新生代陆相层系。早世多冰碛和中基性火山喷发，反映陆块形成之初尚不稳定。晚世后期已变成以碳酸盐岩为主，进入陆表海体制。寒武纪—奥陶纪为陆表海的鼎盛时期。

尽管有古老的克拉通基底，古生代的海相、滨海相和陆相沉积都相当稳定，然而仍具有很高的构造活动性。首先，中晚奥陶世塔东出现一个复理石化的强烈沉降槽盆；其次，古生代的加里东和华力西运动表现都很强烈，塔中和塔北在中加里东后褶皱隆升，造成了强烈的剥蚀和间断。华力西早期运动形成了上泥盆统巨厚的磨拉石和柯坪南带的障壁古陆、石炭系下部层系的局部缺失。华力西晚期塔里木西部早二叠世玄武岩大面积喷发，巴楚隆起强烈隆升，隆起顶部的张性塌陷和伴随的超基性到碱性、中酸性的岩浆侵入活动，以及古生界发生强烈的褶断变形等。构造的活动性还表现为新生代的升降分异特别明显，先后出现了阿尔金、铁克里克、柯坪和库鲁塔克等大型边缘隆起，山前区的沉降厚度达到2 000 m~9 000 m，而巴楚隆起和阿瓦提坳陷同时隆升和沉积了大致相同的幅度。不仅山前地区喜山运动表现强烈，台盆内也出现了马札塔克巨型断褶带构造。

塔里木盆地的构造单元包括四大边缘隆起和盆地内的三隆四坳：

（1）四大边缘隆起包括：阿尔金—古老基底的长期隆起，喜山时期块断隆升的高大山系；铁克里克—南带古老基底长期隆起，喜山时期块断隆升的高大山系，北带为古生代台盆褶皱的中低山区；柯坪—基底卷入的晚华力西和喜山时期台盆断褶的中低山区；库鲁克塔克—西部、北部和中部古老基底长期隆起，中西部、中南部古生代台盆断褶区，中新生代块断隆升的中低山区。

（2）盆地内的三隆四坳包括：塔南隆起——为碳酸盐岩和下远古界石英云母片岩组成的长期古老隆起，古近纪时被埋藏。北部隆起——加里东中期开始形成的基底卷入式断褶构造带，华力西期进一步发育的大型潜山和断褶构造，中生代后转化为北倾单斜。巴楚和塔中隆起——塔中隆起为加里东中期开始形成的基底卷入式断褶隆起，华力西期—喜山期仍断续隆升；巴楚断褶隆起——开始形成于华力西晚期，至喜山期一致持续隆升，成为盆地内现今隆升最高的单元。库车坳陷——南天山中新生代山前坳陷，盖层褶断变形强烈，构造圈闭发育；北部坳陷——古生代台盆区大型坳陷，中新生代北倾单斜；西南坳陷——古生代台盆区大型坳陷叠置中新生代山前坳陷，山前区的盖层构造和圈闭发育；东南坳陷——在新生界覆盖下有一些分割型的中生代小坳陷区。

二、地貌

根据塔里木盆地的地貌特征，它大致可划分为三大区域。

1. 山前倾斜平原

它由天山南麓山前倾斜平原、昆仑山和阿尔金山及帕米尔高原山前倾斜平原组成。根据沉积类型又可分为山前洪积—冲积平原和冲积扇两部分。山前洪积—冲积平原是由第四纪不同时代的冰水作用和洪积—冲积作用形成，其上部沉积物多为粗大的卵石、砾石，坡度较大，下部以砂砾石为主，细粒物质有所增加，坡度变缓。总体而言，洪积—冲积平原质地粗、坡度大，物质分选很差且混杂并含有大量砾石。冲积扇位于洪积—冲积平原下部，由于坡度变缓，水流呈散流状态，所携带的大量泥沙物质发生沉积，从而形成冲积扇。在冲积扇区域土层深厚，坡度平缓，组成物质细，多以粉砂土、亚砂土和亚黏土为主，它是人类从事农业生产活动重要的场所，现多已辟为农田。

2. 大河冲积平原

冲积平原主要有叶尔羌河和塔里木河。叶尔羌河冲积平原在塔克拉玛干沙漠的西部，由叶尔羌河、提兹那甫河水系组成，地势从西南向东北倾斜。平原的上段河道下切较深，次级地貌可划分出高阶地、低阶地、河漫滩等类型；平原的中段切割能力微弱，河漫滩发育。由于河流的多次改道和泛滥，残留着较多的干涸河道，形成垅状岗地与河间低地及湖沼洼地相互交错。在垅状岗地上，土壤质地较轻，盐分含量较低；在河滩地和河间低地区域，地下水位高，盐渍化较重。塔里木河冲积平原地势西高东低。在冲积平原中游段，地势平坦，汊流较多，水网紊乱，河曲发育。由于河流改道频繁，平原上遗留有数条古代和近代干河床，在平原下段，成狭长带状，平原宽度变窄。由于大西海子水库拦截了塔里木河洪水，铁干里克以下已断流多年，受到库鲁克沙漠和塔克拉玛干沙漠扩张的威胁。

3. 塔克拉玛干沙漠

位于塔里木盆地中部，是我国最大、沙丘类型最复杂的沙漠。塔克拉玛干沙漠具有如下三个特点：

(1) 流动沙丘面积大。约有 28×10^{4} km^{2} 为流动沙丘所占据，占沙漠面积的85%。这个沙漠除伸入沙漠呈南北流向的和田河与克里雅河等河流两侧有走廊式绿洲带，以及呈东西走向的麻扎塔格山等低山残丘上尚无流沙覆盖外，其余地面均为流沙。沙丘类型以流动沙丘为主，固定和半固定沙丘主要分布在沙漠边缘与绿洲交接的地带。

(2) 沙丘类型多样。塔克拉玛干沙漠区域存在着两个相反方向的风系，绝大部分地区是东北风系，而在西南部多为西北风系，这两种风系的交汇线大致在克里雅河附近。尽管整个沙漠区域主要受这两种主风系的影响，可在不同地段风力场的主风向及影响又各不相同，可以是单风向，也可为多种风向复合作用，这便形成了在整个沙漠区域存在着多种形态的沙丘类型，有新月形沙丘、沙丘链、沙垅、复合型纵向沙垅、横向沙垅、穹状沙垅、鱼鳞状沙丘和金字塔沙丘等。

(3) 沙丘东高西低，整个沙漠区域东部的沙丘高大，相对高度可达100 m~200 m。而克里雅河及其古河床以西区域沙丘相对低矮，除少数复合型纵向沙垅及复合型横向沙垅外，一般沙丘相对高度都小于50 m。

三、气候

塔里木盆地深居欧亚大陆腹地，四周为高山环绕，属于典型大陆性气候。它具有光热充足、干燥少雨、日照强烈、温差变化大和多风沙天气等特点。

塔里木盆地周围山地的升高，特别是南部昆仑山、喜马拉雅山和东部秦岭等高大山系的隆起，严重地破坏了大气环流。在下半年，高山阻止了湿润的印度洋季风和太平洋季风侵入到这一地区。即使有残余的太平洋气流偶尔能入侵这里，也成为强弩之末，不能招致较多的降水。同时，夏季因盆地中心的沙漠比热较大，温度升高很快，逐渐在荒漠地区形成局部低压区，以吸引来自西藏高原气流的侵入。来自西藏高原的气流就是一种所谓的副热带大陆气团。夏季，盆地内刮西风或西南风，大多是这种气团侵入的缘故。在这一气团控制下，天气格外干燥炎热。在冬半年，源出蒙古、西伯利亚干燥的反气旋的一个分支侵入这一地区。因这干燥的反气旋从源地向南移动时，中途受到昆仑山的阻碍，于是不得不急剧地向两侧偏转，大约沿北纬40°和东经103°附近分东西两支前进，向西的一支即循东天山东侧沿北纬40°侵入塔里木盆地。

1. 气温

盆地的气温变化很大，各地的年较差皆在30℃以上，大致呈自南向北递增的趋势。如和田年较差为30.6℃，疏勒县为32.2℃，库车为37.9℃。除年较差较大外，其日较差也很大。其中冬季较小，夏季较大，特别是在沙漠地带，夏季日较差常达20℃以上。一日之中，往往兼备有四季气候。而在冬季，因为白天受热不多，夜晚放热也少，所以日较差较少。

塔里木盆地的无霜期在 210 天以上，平均比北疆盆地长 60 天左右。盆地无霜期较长以及冬季气温较暖和，为农作物生长提供了极为有利的条件。

2. 降水

塔里木盆地降水极为稀少，盆地中几乎没有一个地方年降水量超过 100 mm，绝大部分年降水量在 50 mm 以下，中部塔克拉玛干沙漠甚至终年不见滴雨，可称为无雨区。

春冬季节因受西风带控制，西风环流北急流正通过盆地，从大西洋、地中海和里海带来了水汽。这时，靠近盆地的下部受强大极地寒冷干燥反气旋所控制，而湿润气流位居于上，因此，在盆地高空容易形成锋面，发生波动，产生气旋雨，其中尤以春季气旋活动最为频繁，所以春季降水多于冬季降水。

西风环流从西欧带来了湿润的水汽，向东至帕米尔高原一带，水汽多已凝结下降，一旦越过帕米尔高原到达塔里木盆地内，则越往东气流愈变干燥，所以盆地西部降水多于东部降水，盆地东南部的气候最为干燥，降水量也特别稀少。除因夏季受源出青藏高原的副热带大陆气团影响，以及残余的太平洋气流越山下沉具有焚风作用外，又因冬季时，盆地东南部因面临寒冷的蒙古、西伯利亚反气旋的要冲，所以盆地东南部成为降水特别稀少的地方。

塔里木盆地的沙漠性气候有从东向西逐渐减轻的趋势。这一点可由向西雨量逐渐增多，河流水量充沛，沃野的扩大和雪线的降低等反映出来。显而易见，这是盆地西部受源出蒙古、西伯利亚寒冷、干燥的极地反气旋影响较小，而从西北来的湿润空气的作用就相应地增强了。由此看来：盆地西部的气候条件较好，并有充足的水源保证，所以是塔里木盆地沃野分布最多，面积最广大的地区。

在盆地边缘高山地带，水量较为充沛，一般年降水量有 300 mm ~ 400 mm；在海拔 3 000 m 的地带，年降水量可达 800 mm；海拔 3 500 m 以上就开始有降雪；海拔 4 500 m 以上，已入永久积雪带了。

3. 湿度、云量和日照

（1）湿度

塔里木盆地深处内陆，气候干燥。该区域湿度的分配完全属于大陆性形式。在一年之中，各月的绝对湿度以夏季最大，冬季最小；夏季的绝对湿度约为冬季的 5 ~ 10 倍。至于相对湿度则以春季为最低，夏季次之，冬季最高。其中夏季相对湿度之低，是由于高温和降水太少的缘故；而春季以及初夏的多风和温度的升高，则为造成最低相对湿度的主要原因。

（2）云量

云量的变化大致和相对湿度近似，即相对湿度大时云量也多，相对湿度小时云量也少。各地云量的分布大致以秋季（9 ~ 10 月）为最少，春夏之交（5 月）为最多。因为春夏之交，太阳北移，地面温度升高很快，而离地面的高空仍很寒冷，对流作用易于产生，成云的机会自然较多。

（3）日照

云量和日照关系也很密切。塔里木盆地云量小日照强烈，这为作物的生长提供了有利的条件。尤其是棉花更需要充足强烈的阳光，因而南疆盆地能发展成为我国主要的棉花产地之一。更重要的是强烈的阳光可以融化高山上的冰雪以供灌溉，天气越炎热，河水也就越充足。

4. 风沙

盆地中气候的另一特征，便是风沙频繁。这种狂风，多发生在2~6月份，尤以春季最为强烈。因为春季南疆正处于干燥反气旋的外缘，气流波动非常激烈，所以狂风时起，一旦风起，飞沙走石、流沙移动，常淹没农作物。东部多东北风，西部和中部则多西北风。这种东北风和西北风过境后，温度有显著的降低。反之，如为东南风，那么温度顿渐升高。此外，夏季时沙漠中常发生龙卷风，携带沙尘上升高达数百公里。

总的来说，塔里木盆地的气候有缺点也有优点。境内气候干燥，温度变化剧烈，降水稀少，蒸发强烈，这些是不利于农作物发展的；但是由于夏季高温，高山冰雪融化，能及时地供应农业灌溉，同时，冬季暖和，生长季较长，一般作物多能生长，这些是有利于农业发展的。今后随着农业的可持续发展，以及灌溉水利事业的兴修和防护林的营造，人们可以克服气候上的缺点，而充分利用其有利条件。

四、土壤

土壤是人类赖以生存的自然资源，是许多食物、纤维和生活资料的生产基地，是人类生息繁衍的场所。土壤分类是土壤科学发展水平的标志，是土壤调查制图的基础，也是因地制宜推广农业技术的依据之一。国内外土壤信息交流的媒介随着科学的发展，土壤分类也在发展。

根据以诊断层及诊断特性为基础的《中国土壤系统分类检索》(第三版)，确定塔里木盆地主要的土壤类型包括如下几个土纲。

1. 干旱土土纲

干旱土主要是石膏正常干旱土。荒漠地区干旱多风，稀疏的植被失去保护土壤的作用，土壤直接暴露在地表，风蚀作用强烈，大风将地表细土物质吹走，砾石残留下来逐渐累积覆盖地表形成砾幕，从而取代植被起到保护下层土壤免受进一步风蚀的作用。虽然荒漠地区化学风化作用较弱，但降水、剧烈的日照和温度变化，也可使砾石表面的铁锰发生水解和氧化，产生氧化物包裹在砾石表面，并形成一种暗色的氧化铁和氧化锰胶膜。

新疆焉耆干旱土壤中具有浅红棕色或灰棕微带淡红色的紧实层。紧实层中的黏粒含量稍高于上覆和下垫土层。由于没有明显的黏粒淋溶淀积特征，所以一般认为是土层内就地风化黏化的结果（即次生黏化）。在干旱地区特殊的水热条件下，降水少、渗透不深又迅速干燥，使地表形成一个阻止或减慢土壤水分继续蒸发的干燥表层，结果使亚表层具有相对稳定的水分而比较湿润。亚表层有利的水热状况加速了土体内的水解风化过程，形成数量不多的黏土物质，就地累积并形成次生黏化层。另外，由于降水稀少，不仅成土母质中化学风化和成土过程中产生的碳酸钙或碳酸氢钙大部分就地累积下来，而且易溶盐和石膏胶结在一起形成了干旱地区特有的石膏盐磐层。

2. 新成土土纲

塔里木盆地新成土主要是干旱砂质新成土和潮湿冲积新成土。干旱砂质新成土分布于塔克拉玛干沙漠地区，由于成土母质为砂质风积物，受风力的分选作用，土壤颗粒组成十分均匀。干旱砂质新成土土壤发育极其微弱，有机质含量很低，它的改造和利用十分困难。目前，只有在塔克拉玛干沙漠石油公路地带和塔中石油基地附近，相关人员对此土壤进行小范围的改造和绿化。潮湿冲积新成土主要分布在大河沿岸河床地带，土壤水分条件良好，植被覆盖度较高，但土壤性质受质地影响较大，没有明显的土壤发育层次。

3. 雏形土土纲

本区的雏形土主要为底锈干润雏形土、淡色潮湿雏形土和灌淤干润雏形土。它们分布在河流两岸，自然土壤其地表植被是胡杨林，胡杨林的枝叶年凋落物量为0.4~0.7 m^3/hm^2，与我国其他森林地区的土壤相比是枯枝落叶较少的一类，加之干旱地区降水稀少和蒸发强烈，有机质的矿化分解速度快，因而土壤有机质的积累比东部森林土壤弱。另外，在河流两岸的区域，地下水埋深受河水洪枯变化的影响，出现明显的升降。地下水上升，土壤水分含量增多，由于通气不良，土壤中的铁、锰易还原为低价铁、锰，形成易溶解、移动性强的化合物。当地下水补给减少，水位下降时，土壤水分含量减少，并且处于好气环境条件，促使土体中低价的铁、锰离子再氧化为高价的铁、锰离子，造成剖面中形成黄色铁锈斑和褐色锰斑的氧化还原层。受人类活动影响已被开垦的土地，在耕作时间仅十几年或几十年条件下，土壤往往形成灌淤干润雏形土。

4. 盐成土土纲

塔里木盆地的盐成土主要为干旱正常盐成土和潮湿正常盐成土。盐成土是指土壤中土表至1m土层范围内具有盐积层、盐磐层、符合盐积层诊断指标的盐结壳层等诊断层和诊断特性的土壤。在干旱气候条件下，降水稀少，而强烈的蒸发使矿化地下水借助土壤毛管上升水流，将盐分源源不断地输送和聚积于地表及土体上部。随着水分的不断损失，盐分的含量在增加，当土壤可溶盐累积到一定数量时，地表植物生长受到抑制乃至死亡，或转变为盐生植物，土壤性状发生变化，并逐渐演变为盐成土。现代积盐过程一般都发生在冲积扇扇缘、干三角洲下部及大河冲积平原地势低平地区。这里不但地下水埋深浅，而且地下水的矿化度较高。由于地下水可随土壤毛管水上升直接到达地表，它通过地表的蒸发，将溶解在其中的盐分留在表层或土体上部，形成了盐积层或盐结壳。受到地下水的影响，土壤剖面的土壤水分含量较高，属于潮湿水分状况。干旱正常盐成土为残余积盐和洪积坡积积盐。残余积盐一般发生在古老的洪、冲积平原上，它是早先地下水积盐过程的产物，后来由于侵蚀基准面下降或河流改道，地下水位下降，地表积盐过程已经停止，稀少的雨量不足以淋洗盐分，使原先积累的盐类仍全部保留在土壤中而形成干旱正常盐成土。此类土壤已脱离地下水的影响，土壤水分条件为干旱水分状况。洪、坡积积盐一般发生在山前洪积平原上，多是暴雨形成的短暂地表径流或山洪冲蚀和溶解前山带地层中的盐分，并将其带到山前平原聚积。受洪积坡积作用形成的盐成土，盐分在土壤剖面中分布比较均匀，表聚特点不及现代和残余盐成土积盐强，地下水不参与盐分积聚。

5．人为土土纲

本区的人为土主要是灌淤旱耕人为土。人为土是指土壤中具有人为表层，如水耕表层、旱耕表层、灌淤层、水耕氧化还原层或耕作淀积层等诊断层和诊断特性的土壤，人为土的形成是人类长期农业生产活动和定向培育土壤使土壤耕作熟化的结果。土壤熟化过程是指各种自然土壤在耕种条件下，通过人为的灌排、耕作、施肥、改良以及所有的农业、水利、生物等生产措施，不断改变土壤原有的某些不良性状，促使土壤的肥力提高，并有利于作物高产稳产。在塔里木盆地，灌淤旱耕人为土的形成主要是由于灌溉水中携带的大量悬浮物质进入农田，逐年加厚土层，并在逐年耕翻施肥的配合下，形成了深厚而又具有较高肥力的灌溉淤积层，使当地原有的土壤被埋藏变为母土层，而它的性质又异于母质层的土壤。同时，由于干旱荒漠地区土壤自然肥力较低，耕作过程中不断施用有机肥，有机肥施用量较高也对灌淤层的形成产生深刻的影响。灌溉水携带的泥沙加上施用的有机肥，其每年的灌淤速度很快。

五、地表水及地下水

1. 地表水

塔里木盆地的水系具有独特的分布特征（见图 2－2），山区水系为不对称的向心状水系，盆地内河流为弧环型放射状水系。区内有大小河流 144 条（分常年性和间歇性河）。水资源极为丰富，共有冰川 15 000 km^2，储水量 1.4×10^9 m^3 以上，地表水年径流量 400 多亿 m^3。河流补给来源几乎全靠山区降水，其次是高山冰雪融水；全是内流河，河流尾部消失于灌区或沙漠，少数能汇聚为湖泊，终点湖都是盐湖；山区是径流形成区，山前平原是径流散失区，两者的分界点在山口附近，西部在海拔 1 500 ~ 2 000 m 处，向东海拔上升；因为河流出山口后水量很快散失，不易汇集成大河，所以河流数目多而流程短。

其中塔里木河是我国最大的内陆河，塔里木河流域包括塔里木河干流区和阿克苏河流域、和田河流域、叶尔羌河流域、渭干河流域、开都河—孔雀河流域（见图 2－2）。由于渭干河仅有少量农田排水泄入，孔雀河向塔里木河供水已有规划，所以现在仅研究上游三源流向塔里木河供水量。由于上游三源流水资源、社会经济和生态环境状况差别较大，因此向干流供水也应有差别。阿克苏河地表水、地下水均较为丰富，水资源开发程度较低，人均占有耕地、生产水平在三源流最高，生态环境也相对较好，所以应为塔里木河主要供水源流。叶尔羌河地表水和地下水资源也很丰富，水资源利用也不充分，经济发展和人均占有耕地仅次于阿克苏河、高于和田河，但自 1985 年以后，基本上无水到达，今后应加强治理。和田河流域地表水和地下水资源相对于前两条河要少，人口多，人均占有耕地面积减少，经济发展水平低，四县市中有三个是国家级贫困县，又处于塔克拉玛干沙漠南缘，风沙危害大，生态环境差，因此应减少向塔里木河供水。目前，塔里木河流域水质污染较为严重，原因包括以下几个方面：第一，塔里木河是一条内陆耗散性河，上游三源流从肖夹克汇合后，再没有接纳其他河补给，污染物聚集后得不到自然稀释、降解、河水自净能力很低。第二，流域气候干旱，降水稀少，蒸发极为强烈，有利于河水中盐分浓缩使矿化度升高。第三，塔里木盆地是一个内陆封闭盆地，各种沉积物和土壤中的盐分含量普遍较高，盐源充足，无论是地表水还是地下水都易溶解其中的盐分，使矿化度升高。第四，塔里木河及其主要源流阿克苏河都是新中国成立后重点农垦地区，所开垦的土地大多是盐渍土，一般 1 m 土层含盐量达到 2% ~10%，经过多年的挖排、压盐、冲洗，大部分耕地盐分含量降至 0.5% 以下。其中一部分盐分以干排方式排入灌区洼地，但大部分是通过排水渠最后排入塔里木河。第五，新中国成立后，由于塔里木河上游三源流耕地面积的不断扩大，由 1949 年的 351 200 hm^2 到 1995 年增加到了 776 600 hm^2，共引走 $1.480\,1\times10^{11}$ m^3 水，占三源流平均径流量的 81.7%，使补给干流的水量不断减少，年平均径流量减少，排入盐分增加，自然使河水的矿化度升高。由于人类活动改变了地表水的地域分配，塔里木河大量地表水消耗在源流和干流上游，用于扩大人工绿洲，使中、下游的地表径流不断减少。另外，源于昆仑山的克里雅河、尼雅河、喀拉米兰河、若羌河等，进入盆地后不远即潜入地下。唯车尔臣河较长（>520 km），向东经罗布庄注入台特马湖。

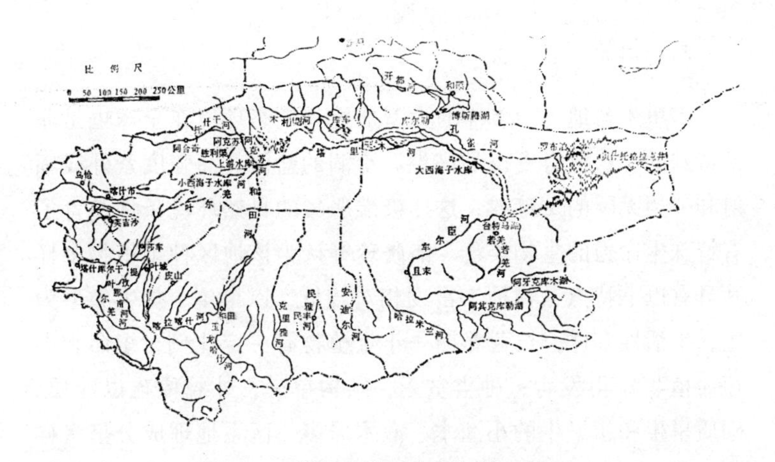

图 2－2　塔里木盆地主要河流分布图

2. 地下水

地下水的补给来源有大气降水、深层岩石裂隙水及河渠田间渗漏。从盆地具体情况看，河流出山口后沿河床、渠道及田间的渗漏是主要的补给来源。因为平原降水稀少，几乎全部耗于蒸发，不能形成径流，裂隙水的补给几乎全部来自山区，直接补给平原地下水者水量极微。

如把河流出山口后的渗漏量作为平原地下水的动贮量（即每年可获得的补给量），就可根据河流年径流量和渗漏率的关系计算地下水的动贮量资源。现在渗漏率40%以上，动贮量 1.5×10^{14} m^3。地下水的静贮量是长期积存于地下的水量，塔里木盆地是封闭内陆盆地，构造上是稳定台块，平原上堆积有巨厚的第四纪沉积物，有利于地下水的贮存。有人估算新疆地下水静贮量约有 2×10^{13} m^3，塔里木盆地如占有一般，应有 1×10^{13} m^3。

六、植被

塔里木盆地复杂多样的大型地貌和生态环境在全球也是非常特殊的，这里有夏季的高温、干涸的盐滩、高强度紫外线辐射和一望无际的戈壁滩，这样极端恶劣的自然环境条件孕育了有特殊生命力的生物类群。潘晓玲等认为该地区种子植物多样性具有以下特点：物种丰富度相对较低，以旱生、盐生类型为主；生活性多样，长营养期一年生植物有一定比例，短命和类短命植物获得发育；种类贫乏，结构单一，外貌稀疏以沙质、砺质旱生和超旱生的小灌木、灌木居多。区系地理成分呈多样性，中亚成分占优势，有一些古老种，特有现象微弱。塔里木盆地种子植物165种，野生植物120多种，隶属于105属35科。在其生活型组成中，地面芽植物居首位，占46.8%，其次为一年生植物，占30.1%，表现为本地植物具有温带荒漠植被的特征，盆地植被成紧缩性分布，在广大空间裸露而于河流沿岸集结。例如骆驼刺（Alhagi pseudalhagi）、甘草（Glycyrrhiza glabra）、罗布麻（Apocynumvenetum）、骆驼蓬（Peganum harmala）、芨芨草（Achnatherum splendens）、芦苇（Phragmites communis）、胡杨（Populs euphratica）、柽柳（Tamarix ssp）、铃铛刺（Halimodendron halodendron）和白刺（Nictraria sibirca）等，组成各种规模的绿洲的组成成分。本区还有一定程度的特有种，如长柱红砂（Reamuria kascharica）、新疆木霸王（Zygophyllum sinkiaangens）产于和静、和硕，和田水柏枝（Myricaria pulcherrima）产于和田流域；新疆沙冬青（Ammopiptanthus nanus）产于喀什、乌恰，塔克拉玛干柽柳（Tamarix taklamakanensis）、塔里木沙拐枣（Calligonum pulcherrima）产于塔克拉玛干沙漠。此外，花花柴（Karelina caspica）、疏叶骆驼刺（Alhagi sparsifolia）、大叶白麻（Poacynum hendersonii）、盐穗木（Halostachy belangeriana）等分布较广。而分布至中亚中部的胡杨、灰杨（Populus pruinosa）、柽柳、白刺、黑刺（Lycium ruthenicum）、铃铛刺都是本地区的沙漠植被沿河岸地貌分布占优势的种类。

第二节　社会经济概况

一、社会概况

塔里木盆地在行政区划上包括巴音郭楞蒙古自治州（简称巴州）、克孜勒苏柯尔克孜自治州（简称克州）、阿克苏地区、喀什地区、和田地区和农一师、农二师、农三师、农十四师。其与中亚及南亚的塔吉克斯坦、吉尔吉斯斯坦、阿富汗、巴基斯坦、印度五国接壤，自古就是古丝绸之路上的重阵，目前有6个可利用口岸，对外开放的区位优势十分明显。2006年由喀什主办的“中亚南亚商新疆天山北坡经济带环塔里木盆地经济圈品交易会”吸引了中亚及欧洲9个国家，国内15个省区参加，签约项目487个，总金额达167亿元。2005年，塔里木盆地地区总人口为1 015.3万人，占全区总人口的一半。其中少数民族人口占该区总人口的78%。

二、经济概况

1. 工业

塔里木盆地内已探明石油储量近2×10^{9} t，天然气储量1.5×10^{12} km^{3}，已发现矿产113种，探明储量60种左右，上矿产储量表的近30种。绿洲农业相对发达，可开垦荒地储量巨大，发达的农业为新型生物质能源开发提供了充足的干物质。在石油和煤炭资源日渐枯竭的大趋势下，生物质能源将与风能、水能、光能等可循环再生的能源一并成为石油和煤炭等不可再生资源的替代品。

2. 农业

塔里木盆地农业资源非常丰富，有耕地近 5×10^{6} hm^{2}、林地面积 8.7×10^{6} hm^{2}、草场 2.563×10^{7} hm^{2}。农业在塔里木盆地经济中占有重要份额。塔里木盆地在 2006 年农林牧渔业总产值为 3 524 725 万元，其中农业产值占到 2 430 593 万元，占到总产值的 68.96%；林业总产值为 133 390 万元，占到总产值的 3.78%，牧业产值 799 065 万元，占到总产值的 22.67%；渔业产值 18 882 万元，占到总产值的 0.54%；农林牧渔服务业产值 142 795 万元，占到总产值 4.05%。农林牧渔业继续保持稳步发展，种植业仍占据主导地位，同时林业和畜牧业增速上升，独特的地理条件、气候条件、自然资源决定了塔里木盆地典型的绿洲农业、灌溉农业的特征，使塔里木盆地农业特色突出，优势明显，潜力巨大，具有发展农业产业化的广阔空间。该区域适宜陆地棉和长绒棉的种植，是全国棉花主产区和全国最大的优质棉基地。另外，该区域的果树种类繁多，如无花果、巴旦木、阿月浑子（开心果）、杏、红枣、梨、苹果、山楂、李（酸梅）、桃、蟠桃、樱桃、石榴、葡萄等有 20 余种，有的果树如巴旦杏、阿月浑子、无花果，全国仅喀什、和田、克州地区在大面积种植。

第三章　大气降尘的性质及时空分布规律

第一节　样品采集及测定方法

一、采样方法

样品用集尘缸采集（见图3-1）。集尘缸为圆筒形，内径30 cm，高70 cm，上部放置一个含锥顶口径3 cm的漏斗，内底封闭。为满足分析和研究的需要，共设置三个高度的集尘缸，置于地面上2.0 cm、10 cm、20 m高度处。各高度设置三个重复。每月最后一天收集一次。由于供试区极端干燥，蒸发量很大，故采用干法收集。

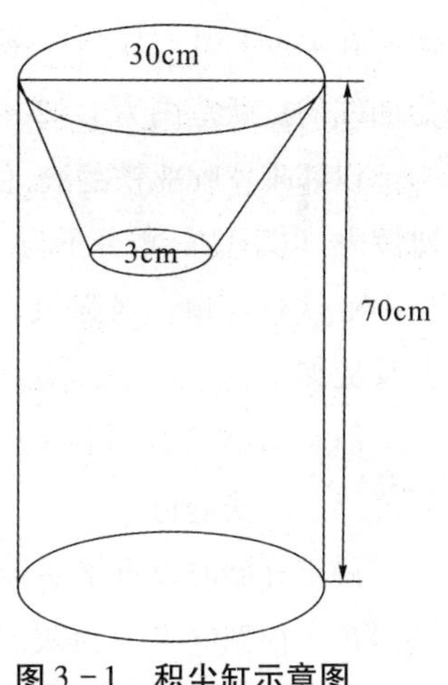

图3-1　积尘缸示意图

二、样品测定方法

1. 样品有机质的测定（重铬酸钾容量法——外加热法）

（1）方法原理

在外加热的条件（油浴的温度为180℃，沸腾5分钟）下，用一定浓度的重铬酸钾——硫酸溶液氧化样品中的有机质（碳），剩余的重铬酸钾用硫酸亚铁来滴定，根据所消耗的重铬酸钾量计算有机碳的含量。本方法测得的结果与干烧法对比，只能氧化90%的有机碳，因此将得的有机碳乘以校正系数，以计算有机碳量。在氧化滴定过程中化学反应如下：

$2K_2Cr_2O_7 + 8H_2SO_4 + 3C \rightarrow$

$2K_2SO_4 + 2Cr_2(SO_4)_3 + 3CO_2 + 8H_2O$

$K_2Cr_2O_7 + 6FeSO_4 \rightarrow$

$K_2SO_4 + Cr_2(SO_4)_3 + 3Fe_2(SO_4)_3 + 7H_2O$

在 $1\ mol \cdot l^{-1} H_2SO_4$ 溶液中用 Fe^{2+} 滴定 $Cr_2O_7{}^{2-}$ 时，其滴定曲线的突跃范围为1.22～0.85V。

以邻啡罗啉亚铁溶液（邻二氮啡亚铁）为指示剂，三个邻啡罗啉（$C_2H_8N_2$）分子与一个亚铁离子络合，形成红色的邻啡罗啉亚铁络合物，遇强氧化剂，则变为淡蓝色的正铁络合物，其反应如下：

$$[(C_2H_8N_2)_3Fe]^{3+} + e \longleftrightarrow [(C_2H_8N_2)_3Fe]^{2+}$$

淡蓝色　　　　　　　　红色

滴定开始时以重铬酸钾的橙色为主，滴定过程中渐现 Cr^{3+} 的绿色，快到终点变为灰绿色，标准亚铁溶液过量半滴，即变成红色，表示终点已到。

但用邻啡罗啉的一个问题是指示剂往往被某些悬浮土粒吸

附，到终点时颜色变化不清楚，所以常常在滴定前将悬浊液在玻璃滤器上过滤。

（2）主要仪器

油浴消化装置（包括油浴锅和铁丝笼）、可调温电炉、秒表、自动控温调节器、温度计。

（3）试剂

①0.8 $mol \cdot l^{-1}$（$1/6K_2Cr_2O_7$）标准溶液：称取经130℃烘干的重铬酸钾（$K_2Cr_2O_7$，分析纯）39.224 5 g溶于水中，定容于1 000 ml容量瓶中。

②浓H_2SO_4：比重1.84，分析纯。

③0.2 $mol \cdot l^{-1}$ $FeSO_4$溶液：称取硫酸亚铁（$FeSO_4 \cdot 7H_2O$，分析纯）56.0 g溶于水中，加浓硫酸5 ml，稀释至1 ml。

$FeSO_4$溶液标定：此溶液的准确浓度以0.1 $mol \cdot l^{-1}$（$1/6K_2Cr_2O_7$）的基准溶液标定。即准确分别吸取3份0.1$mol \cdot l^{-1}$（$1/6K_2Cr_2O_7$）的基准溶液各25 ml于150 ml三角瓶中，加入邻啡罗啉指示剂2～3滴，然后用配制好的$FeSO_4$溶液滴定至终点，并计算出$FeSO_4$的准确浓度。硫酸亚铁（$FeSO_4$）溶液在空气中易被氧化，需新鲜配制或以标准的$K_2Cr_2O_7$溶液每天标定。

$$FeSO_4(mol \cdot l^{-1}) = \frac{0.1 \times 25}{V}$$（V为消耗$FeSO_4$溶液的体积）

④邻啡罗啉指示剂：称取邻啡罗啉（分析纯）1.485 g与$FeSO_4 \cdot 7H_2O$ 0.695 g，溶于100 ml水中。

⑤Ag_2SO_4：硫酸银（Ag_2SO_4，分析纯），研成粉末。

⑥SiO_2：二氧化硅（SiO_2，分析纯），粉末状。

（4）操作步骤

①称取通过0.149 mm筛孔的风干土样0.1 g～1 g（精确到0.000 1 g），放入一干燥的硬质试管中，用移液管准确加入0.8

$mol \cdot l^{-1}$（$1/6K_2Cr_2O_7$）标准溶液 5 ml（如果土壤中含有氯化物则需先加入 $Ag_2SO_4$0.1g），用移液管加入浓 $H_2SO_4$5 ml 充分摇匀，管口盖上弯颈小漏斗，以冷凝蒸出其水汽。

②将 8～10 个试管盛于铁丝笼中（每笼中均有 1～2 个空白试管），放入温度为 185℃～190℃的石蜡油锅中，要求放入后油浴锅温度下降至 170℃～180℃左右，以后必须控制电炉，使油浴锅内始终维持在 170℃～180℃，待试管内液体沸腾发生气泡时开始计时，煮沸 5 min，取出试管（用油浴法，稍冷，擦净试管外部油液）。

③冷却后，将试管内容物倾入 250 ml 三角瓶中，用水洗净试管内部及小漏斗，三角瓶内溶液总体积为 60 ml～70 ml，保持混合液（$1/2H_2SO_4$）浓度为 2 $mol \cdot l^{-1}$～3 $mol \cdot l^{-1}$，然后加入邻啡罗啉指示剂 2～3 滴，用标准的 0.2 $mol \cdot l^{-1}$硫酸亚铁滴定，滴定过程中不断摇动内容物，直至溶液的颜色由橙黄色→蓝绿色→砖红色。记取 $FeSO_4$ 滴定毫升数（V）。

每一批（即上述每铁丝笼中）样品测定的同时，进行 2～3 个空白试验，即取 0.500 g 粉状二氧化硅代替土样，其他步骤与试样测定相同。记取 $FeSO_4$ 滴定毫升数（V_0），取其平均值。

（5）结果计算

$$有机碳(g \cdot kg^{-1}) = \frac{C \times (V_0 - V) \times 0.003}{m} \times 1\,000$$

$$有机质(g \cdot kg^{-1}) = 有机碳(g \cdot kg^{-1}) \times 1.724 \times 1.1$$

式中：C——$FeSO_4$ 标准溶液的浓度，mol/l。

V_0——空白滴定用去 $FeSO_4$ 体积，ml。

V——样品滴定用去 $FeSO_4$ 体积，ml。

1 000——将% 换算为 $g \cdot kg^{-1}$。

1.1——氧化校正系数，由于该法仅能氧化有机质的90%。

m——烘干土样质量，g。

0.003——1 mg当量$FeSO_4$体积所相当的有机碳的克数。

1.724——有机碳占有机质全部的58%，所以是换算系数。

（6）注意事项

①含有机质高于50 g·kg^{-1}的土壤，称土样0.1 g；含有机质在20~30 g·kg^{-1}之间的土壤，称土样0.3 g；含有机质少于20 g·kg^{-1}的土壤，称土样0.5 g以上。由于称样量少，称样时应用减重法以减少称样误差。

②土壤中氯化物的存在可使结果偏高。因为氯化物也能被重铬酸钾所氧化，因此，盐土中有机质的测定必须防止氯化物的干扰，少量氯可加少量Ag_2SO_4，使氯根沉淀下来（生成AgCl）。Ag_2SO_4的加入不仅能沉淀氯化物，而且有促进有机质分解的作用。据研究，当使用Ag_2SO_4时校正系数为1.04，不使用Ag_2SO_4时校正系数为1.1。Ag_2SO的用量不能太多，约加0.1 g，否则会生成$Ag_2Cr_2O_7$沉淀，影响滴定。

在氯离子含量较高时，可用一个氯化物近似校正系数1/12来校正，由于$Cr_2O_7^{-1}$与Cl^-及C的反应是定量的：

$$Cr_2O_7^{2-}+6Cl^{-1}+14H^+\rightarrow 2Cr^{3+}+3Cl_2+7H_2O$$

$$2Cr_2O_7^{2-}+3C+16H^+\rightarrow 4Cr^3+3CO_2+8H_2O$$

由以上二个反应式可知$C/4Cl^{-1}=12/4\times35.5\approx1/12$

$$\text{土壤含碳量}(g\cdot kg^{-1})=\text{未经校正土壤含碳量}(g\cdot kg^{-1})-\frac{\text{土壤 Cl 含量}(g\cdot kg^{-1})}{12}$$

此校正系数在Cl：C比为5：1以下时适用。

③对于水稻土、沼泽土和长期渍水的土壤，由于土壤中含有较多的 Fe^{2+}、Mn^{2+} 及其他还原性物质，它们也消耗 $K_2Cr_2O_7$，可使结果偏高，对这些样品必须在测定前充分风干。一般把样品磨细后铺成薄薄一层，在室内通风处风干 10 天左右即可使 Fe^{2+} 全部氧化。长期沤水的水稻土，虽经几个月风干处理，样品中仍有亚铁反应，对这种土壤，最好采用铬酸磷酸湿烧——测定二氧化碳法。

④为了减少 0.4 $mol \cdot l^{-1}$（$1/6K_2Cr_2O_7$）—H_2SO_4 溶液的黏滞性带来的操作误差，准确加入 0.800 $mol \cdot l^{-1}$（$1/6K_2Cr_2O_7$）溶液 5 ml 以及浓 H_2SO_4 5 ml，以代替 0.4 $mol \cdot l^{-1}$（$1/6K_2Cr_2O_7$）溶液 10 ml。在测定石灰性土壤样品时，也必须慢慢加入 $K_2Cr_2O_7$—H_2SO_4 溶液，以防止由于碳酸钙的分解而引起激烈发泡。

⑤最好不采用植物油，因为它可被重铬酸钾氧化而带来误差。而矿物油或石蜡对测定无影响。油浴锅预热温度当气温很低时应高一些（约 200℃）。铁丝笼应该有脚，使试管不与油浴锅底部接触。

⑥用矿物油虽对测定无影响，但空气污染较为严重，最好采用铝块（有试管孔座的）加热自动控温的方法来代替油浴法。

⑦必须在试管内溶液表面开始沸腾才开始计算时间。掌握沸腾的标准尽量一致，然后继续消煮 5 min，消煮时间对分析结果有较大的影响，故应尽量记时准确。

⑧消煮好的溶液颜色一般应是黄色或黄中稍带绿色，如果绿色为主，则说明重铬酸钾用量不足。在滴定时消耗硫酸亚铁量小于空白用量的 1/3 时，有氧化不完全的可能，应弃去重做。

2. 样品碱解氮的测定（碱解扩散法）

（1）原理

在密封的扩散皿中，用氢氧化钠水解土壤样品。在恒温条件下，使有效氮碱解转化为氨气状态，并不断地扩散溢出，由硼酸吸收，再用标准酸滴定，计算出水解性氮的含量。如在旱地土壤中硝态氮含量较高，需加入硫酸亚铁还原成铵态氮后再测定（如旱地土壤中硝态氮含量较高，而水稻土壤硝态氮含量极微，可省去硫酸亚铁，直接用1.8 mol/l 氢氧化钠水解）。

（2）主要仪器

百分之一天平、扩散皿、恒温干燥箱、半微量酸式滴定管。

（3）试剂

①1.8 mol/l NaOH 溶液：称取化学纯氢氧化钠72 g，用蒸馏水溶解，冷却后定容至1 l（适合于旱地土壤）。

②1.2 mol/l NaOH 溶液：称取化学纯氢氧化钠48 g，用蒸馏水溶解，冷却后定容至1 l。

③甲基红-溴甲酚绿混合指示剂：0.5 g 溴甲酚绿和0.1 g 甲基红溶于100 ml 乙醇中。

④2%硼酸指示剂溶液：称取20 g 硼酸（化学纯）用热蒸馏水（约60℃）溶解，冷却后稀释至1 000 ml。每升硼酸溶液中加入5 ml 甲基红-溴甲酚绿混合指示剂，并用稀酸或稀碱调节至紫红色，此溶液的 pH 值约为4.8。指示剂用以与硼酸混合，此试剂宜鲜配，不宜久放。

⑤0.02 mol/l（$1/2H_2SO_4$）标准溶液：量取 H_2SO_4（化学纯，比重1.84）2.83 ml，加水稀释至5 000 ml，然后用标准碱或硼砂标定。

⑥0.005 mol/l（$1/2H_2SO_4$）标准溶液：将0.02 mol/l（$1/2H_2SO_4$）标准溶液用水稀释4倍。

⑦碱性胶液：阿拉伯胶 40.0 g 和水 50 ml 在烧杯中加热至 70～80℃，搅拌促溶。加入甘油 20 ml 和饱和碳酸钠水溶液 20 ml，搅拌，放冷。离心除去泡沫和不溶物，清液贮于具塞玻璃瓶中备用。

⑧硫酸亚铁（粉状）：将硫酸亚铁（化学纯）磨细，装入密闭瓶中，存于阴凉干燥处。

⑨硫酸银饱和溶液：存于避光处。

(4) 操作步骤

①称取通过 1 mm 筛孔的风干土样 2.00 g（精确到 0.01 g），1 g 硫酸亚铁粉剂，均匀铺在扩散皿的外室，轻轻水平旋转扩散皿，使样品均匀铺平。

②在扩散皿内室加入 2 ml 2% 的硼酸混合指示剂溶液，在扩散皿的外室边缘涂上碱性胶液，盖上盖玻片，并旋转几次，使盖玻片与皿边完全密闭，再慢慢转开盖玻片的一边，使扩散皿露出一条狭缝（盐碱土需加入 0.5 ml $AgSO_4$），再迅速加入 10 ml 1.8 mol/l NaOH 溶液于扩散皿的外室中，立即用盖玻片盖严。水平旋转扩散皿，使溶液与土壤样品充分混匀。再用橡皮圈扎紧，使毛玻璃固定。随后放入 40℃ ±1℃ 的恒温箱中，碱解扩散 24 ±0.5 小时。

③取出后（可以观察到内室为蓝色）内室吸收液中的氨可以用 0.005 mol/l 或 0.01 mol/l（$1/2H_2SO_4$）标准液滴定（由蓝色滴定到微红色）。

在样品测定的同时，用石英砂做空白实验，校正试剂及滴定误差。

(5) 结果计算

$$碱解氮\ N\ (mg/kg) = \frac{(V - V_0) \times C \times 14.0}{m} \times 10^3$$

式中：C——$1/2H_2SO_4$ 标准液的浓度（即 H_2SO_4 的当量浓度），mol/l。

V_0——滴定空白时用去硫酸标准液的体积，ml。

V——滴定土样时用去硫酸标准液的体积，ml。

m——土壤样品重，g。

14.0——氮的摩尔质量，g/mol。

10^3——换算系数。

（6）注意事项

①为加速氮的扩散吸收，可提高温度，最高温度不得超过45℃。

②滴定时应用玻璃棒小心搅拌内室溶液（切不可摇动扩散皿），同时逐渐加入硫酸标准溶液，接近终点时，用玻璃棒在滴定管尖端蘸取标准液后搅拌内室，以防滴过终点。

③碱性胶液由于用强碱制成，绝不能沾污内室溶液，否则结果偏高。

④在扩散过程中，扩散皿必须盖严，以防漏气。

3. 样品速效磷的测定（碳酸氢钠浸提—钼蓝比色法）

（1）原理

测定土壤速效磷的方法选择，酸性土壤一般采用盐酸氟化铵或氢氧化钠—草酸钠法来提取，石灰性土壤或中性土壤采用碳酸氢钠来提取。用碳酸氢钠溶液（pH = 8.5）提取土壤速效磷，在石灰性土壤中提取液中的 HCO_3^- 可和土壤溶液中的 Ca^{2+} 形成 $CaCO_3$ 沉淀，从而降低了 Ca^{2+} 的活度而使某些活性较大的 Ca - P 被提取出来。在酸性土壤中因 pH 提高而使 Fe - P，A1 - P 水解而部分被提取，在浸提液中由于 Ca、Fe、Al 浓度较低，不会产生磷的再沉淀。

（2）主要仪器

百分之一天平、振荡机、分光光度计。

（3）试剂

①0.5 mol/l 碳酸氢钠溶液：称取 $NaHCO_3$（化学纯）42.0 g 于 800 ml 水中，以 0.5 mol/l NaOH 溶液调节浸提液的 pH 至 8.5。此溶液暴于空气中可因失去 CO_2 而使 pH 值增高，可于液面加一层矿物油保存。此溶液贮存于塑料瓶中比在玻璃中容易保存，若贮存超过 1 个月，应检查 pH 值是否改变。

②无磷活性炭：活性炭常含有磷，应做空白实验，检查有无磷存在。如含磷较多，须先用 2 mol/l HCl 浸泡过夜，用蒸馏水冲洗多次后，再用 0.5 mol/l 碳酸氢钠浸泡过夜，在平瓷漏斗上抽气过滤，每次用少量蒸馏水淋洗多次，并检查到无磷为止。若含磷较少，则直接用碳酸氢钠处理即可。

③钼锑抗试剂：

a. 称取酒石酸锑钾 [$K(SbO)C_4H_4O_6$] 0.5 g 溶于 100 ml 水中，制成 0.5% 的溶液。

b. 称取钼酸铵 [$(NH_4)_6Mo_7O_{24} \cdot 4H_2O$] 10 g 溶于 450 ml 水中，徐徐加入 153 ml 浓硫酸，边加边搅拌。再将 0.5% 酒石酸锑钾溶液 100 ml 加入到钼酸铵溶液中，最后加水至 1 l。充分摇匀，贮于棕色瓶中，此为钼锑混合液。

c. 临用前（当天），称取 1.5 g 左旋抗坏血酸（$C_6H_8O_5$，即维生素 C，化学纯），溶于 100 ml 钼锑混合液中，此为钼锑抗试剂。有效期 24 小时，如藏于冰箱中则有效期长。

④50 μg/ml 磷的标准溶液：准确称取在 105℃ 烘箱中烘干的 KH_2PO_4（分析纯）0.219 5 g，溶解在 400 ml 水中，加浓硫酸 5 ml，转入 1 L 容量瓶中，加水至刻度。

⑤5 μg/ml 磷的标准溶液：吸取 50 mg/l 磷的标准溶液 25 ml，稀释到250 ml，即为5 μg/ml 磷的标准溶液（此溶液不宜久存）。

（4）操作步骤

①土样浸提：称取通过 1 mm 筛孔（20 目筛）的风干土样 2.50 g 于 150 ml 三角瓶中，加入 0.5 mol/l 碳酸氢钠溶液 50 ml，再加一勺无磷活性炭，塞紧瓶塞，在振荡机上振荡 30 分钟，立即用无磷滤纸过滤，滤液承接于 100 ml 三角瓶中。

②测定：吸取滤液 10 ml（含磷量高时吸取 2.5 ml ~ 5.0 ml，同时应补加 0.5 mg/l 碳酸氢钠溶液至 10 ml）于 50 ml 容量瓶中，然后用移液管加入钼锑抗试剂 5 ml，充分摇匀，排出 CO_2 后加蒸馏水定容。放置 30 分钟后，用分光光度计（波长 700 nm 或 880 nm）比色测定。颜色稳定时间为 24 小时，比色测定的同时作空白实验（即用 0.5 mol/l 碳酸氢钠溶液代替待测液，其他步骤与上相同）。以空白溶液调零。对照标准曲线（或通过回归方程计算）确定待测液中磷的含量，然后计算出土壤中速效磷的含量。

③标准曲线的制作：分别准确吸取 5 μg/ml 磷标准溶液 0 ml、0.5 ml、1.0 ml、2.0 ml、3.0 ml、4.0 ml、5.0 ml 于 50 ml 容量瓶中，再分别加入 0.5 mol/l 碳酸氢钠溶液 10 ml，最后加入钼锑抗试剂 5 ml，充分摇匀，排出 CO_2 后加蒸馏水定容。放置 30 分钟后，同待测液一样进行比色测定，此系列溶液中磷的浓度分别为 0 μg/ml、0.05 μg/ml、0.1 μg/ml、0.2 μg/ml、0.3 μg/ml、0.4 μg/ml、0.5 μg/ml。以浓度为横坐标（X），以吸光度为纵坐标（Y），在方格纸上绘制标准曲线或者计算出二者的回归方程。

（5）结果计算

$$速效磷P（mg/kg）=\frac{C\times V\times ts}{m}$$

式中：C——从标准曲线上查得（或通过回归方程计算）待测液中磷的浓度，μg/ml。

V——显色的溶液体积，ml。

ts——分取倍数（浸提液总体积/吸取滤液体积）。

m——称样质量，g。

（6）注意事项

①活性炭一定要洗到无磷为止，否则不能应用。

②显色时，加入钼锑抗试剂 5 ml，量取一定要准确，除了中和 10 ml 0.5 mol/l 碳酸氢钠溶液外，最后酸度为 0.65 mol/l。

③本法浸提温度对测定结果的影响很大，因此必须严格控制浸提时的温度条件，一般要在 20℃ ~25℃ 的室温下进行。

④室温低于 20℃ 时，显色后的钼蓝有沉淀产生（0.4 mg/kg 磷以上），此时将容量瓶放入 40℃ ~50℃ 的恒温箱中或热水中保温 20 分钟，稍冷，30 分钟后比色。

4. 样品速效钾的测定（醋酸铵浸提—火焰光度法）

（1）原理

土壤中的交换性钾和水溶性钾用醋酸铵溶液浸提，铵离子可与土壤胶体上吸附的阳离子置换，使交换性钾和水溶性钾进入土壤溶液，反应如下：

$$\text{(土壤)}\begin{matrix}H & Mg\\ K & Ca\end{matrix} + nNH_4OAc = NH_4,NH_4,NH_4\text{(土壤)}NH_4,NH_4,NH_4 + (n-6)NH_4OAc + HOAc + Ca(OAc)_2 + Mg(OAc)_2 + KOAc$$

在醋酸铵溶液中的钾可用火焰光度计直接测定。为了抵消醋酸铵溶液的影响，标准钾溶液也需用1 mol/l 的醋酸铵溶液配制。

（2）主要仪器

百分之一天平、振荡机、火焰光度计。

（3）试剂

①1 mol/l 中性醋酸铵溶液：称取醋酸铵（CH_3COONH_4，化学纯）77.09 g，加水稀释，定容近至1 l，用 HOAc 或 NH_4OH 调至 pH 7.0，然后定容至1 l。具体方法如下：取出50 ml 1 mol/l 中性醋酸铵溶液，用溴百里酚蓝作为指示剂，以1∶1 NH_4OH 或稀 HOAc 调至绿色即为 pH 7.0（也可以在酸度计上调节）。根据50 ml 醋酸铵所用1∶1 NH_4OH 或稀 HOAc 的毫升数，算出所配溶液大概的需要量，最后调至 pH 7.0。

②100 μg/ml 钾的标准溶液：称取 KCl（分析纯，110℃烘干2小时）0.190 7 g 溶于1 mol/l 中性醋酸铵溶液中，定容至1 L。

（4）操作步骤

①土样浸提：称取通过1 mm 筛孔的风干土样5.00 g 于100 ml 三角瓶中，加入1 mol/l 中性醋酸铵溶液50 ml，塞紧橡皮塞，振荡30分钟后，用干的普通定性滤纸过滤。

②测定：滤液盛于小三角瓶中，同钾的标准系列溶液一起在火焰光度计上测定。记录其检流计上的读数，然后从标准曲线上查得（或通过回归方程计算）其浓度。

③标准曲线的制作：分别准确吸取100 μg/ml 钾标准溶液0 ml、2.5 ml、5.0 ml、10.0 ml、20.0 ml、40.0 ml 放入100 ml 容量瓶中，用1 mol/l 中性醋酸铵溶液定容，即得0 μg/ml、2.5 μg/ml、5.0 μg/ml、10.0 μg/ml、20.0 μg/ml、40.0 μg/ml

钾标准系列溶液。以浓度最大的一个（40.0 μg/ml）定到火焰光度计上检流计为满度（100），然后从稀到浓进行测定，记录检流计的浓度。以检流计读数为纵坐标（Y），钾的浓度为横坐标（X），在方格纸上绘制标准曲线或计算出二者的回归方程。

（5）结果计算

$$速效钾\ K\ (mg/kg) = \frac{C \times V}{m}$$

式中：C——从标准曲线上查得（或通过回归方程计算）待测液中钾的浓度，μg/ml。

V——浸提剂的体积，ml。

m——称样量，g。

（6）注意事项

含醋酸铵的钾的标准溶液配制后不宜久放，以免长霉，影响测定结果。

5. 样品中铬的测定（二苯碳酰二肼比色法）

（1）原理

土壤样品经过硫酸、磷酸消解，铬化合物变成可溶。经过离心或过滤分离后，用高锰酸钾溶液将三价铬氧化成六价铬。用叠氮化钠分解除去溶液中过剩的高锰酸钾。在酸性条件相下，铬与二苯碳酰二肼反应生成紫红色化合物，于波长 540 nm 处测定吸光度。干扰的金属离子有铁、汞、钼、钒等。在一般情况下，钼的含量极微，产生的颜色可很快褪去，故加入二苯碳酰二肼后放置 10 分钟再测定，50 μg 钒不干扰测定。亚汞及汞离子与二苯碳酰二肼作用可产生蓝色或蓝紫色干扰物，但在本实验所选定的酸度下，反应不灵敏，100 μg 汞不干扰。铁与试剂生成黄色而干扰。少量的铁可用磷酸除去，若大量铁共存时，可用5%试铜灵的氯仿溶液萃取除去。本方法最低检出限为0.25 μg铬。

(2) 仪器

①离心机。

②分光光度计。

(3) 试剂

①浓硫酸、浓磷酸和浓硝酸。

②0.5%高锰酸钾溶液。

③0.5%叠氮化钠溶液。

④0.25%二苯碳酰二肼丙酮溶液：称取0.25 g二苯碳酰二肼，溶于丙酮，并稀释至100 ml。临用配制。

⑤ (1+1) 磷酸溶液：加热至沸，并滴加稀高锰酸钾溶液至微红色。

⑥5%硫酸—磷酸混合液：取硫酸、磷酸各5 ml慢慢倒入水中，稀释至100 ml，加热至沸并加稀高锰酸钾溶液至微红色。

⑦铬标准贮备液：准确称取0.282 9 g重铬酸钾（优级纯，于105~110℃烘2小时），溶于水中，转移入1 l容量瓶中，并稀释至标线，此溶液每毫升含铬100 μg。

⑧铬标准是用液：准确吸取上贮备液10.00 ml于1 l容量瓶中，以二次水稀释至标线，此溶液每毫升含铬1.0 μg。

(4) 步骤

①标准曲线的绘制：分别吸取0.00 ml、1.00 ml、2.00 ml、3.00 ml、4.00 ml、5.00 ml、6.00 ml、7.00 ml、8.00 ml、9.00 ml铬标准使用液于25 ml比色管中，加入2.5 ml 5%硫酸—磷酸混合液，用水稀释至标线，配成的标准系列为0.00 μg、1.00 μg、2.00 μg、3.00 μg、4.00 μg、5.00 μg、6.00 μg、7.00 μg、

8.00 μg、9.00 μg。加1 ml（1+1）磷酸溶液，摇匀，加1 ml二苯碳酰二肼丙酮溶液，迅速摇匀，10分钟后用3 ml比色皿于波长540 nm处，以试剂空白为参比测定吸光度。以吸光度为纵坐标，以铬含量为横坐标绘制标准曲线。

②样品分析

a. 样品预处理

称取0.500 0 g土壤样品，置于100 ml锥形瓶内，加少许水润湿，再加浓磷酸、浓硫酸各1.5 ml，盖上表面皿或小漏斗。置于电炉上加热至冒白烟，至土样变白、消解呈黄绿色为止。

取下锥形瓶后，用水冲洗表面皿和瓶壁，将消解液连同残渣移入50 ml离心管内，离心分离。将上层清液移入100 ml容量瓶中。用水冲洗离心管壁，并用玻璃棒搅动残渣再离心分离。将上层清液合并入100 ml容量瓶中，稀释至标线。

b. 测定

吸取10.00 ml经过离心分离的澄清样品液，置于50 ml烧杯中，滴加1~2滴0.5%的高锰酸钾溶液至呈紫红色，置于水浴上加热煮沸15分钟左右，若紫红色褪去可再滴加一滴。趁热滴加叠氮化钠溶液，并不断振荡到颜色刚好褪去，放入冷水中迅速冷却。将反应物转移到25 ml比色管中，用冷水稀释至标线。

向上述比色管里加入（1+1）磷酸溶液1 ml，摇匀，再加1 ml二苯碳酰二肼丙酮溶液，迅速摇匀，放置10分钟左右，用3 cm比色皿，于波长540 nm处，一试剂空白为参比测定吸光度。

（5）计算

$$铬（Cr，mg/kg）=\frac{M \times V_{总}}{V \times W}$$

式中：M——从标准曲线上查的铬的微克数（μg）。

$V_{总}$——试样定容体积（ml）。

V——测定时取试样溶液体积（ml）。

W——试样重量（g）。

（6）注意事项

①用本法消解土壤，时间不可过长，可在强火上加热，但要严格控制温度，不可蒸干，以防焦磷酸盐产生，影响测定结果。

②本法以用焦磷酸掩蔽铁，使之形成物色络合物，同时还可以和其他金属离子结合，避免一些盐类的析出从而产生浑浊。在磷酸存在下还可以排除磷酸根、氯离子的影响，如果在氧化时或显色时出现浑浊可考虑加大磷酸的用量。

③消解后，将残渣向离心管转移时，尽力洗涤干净，否者易使结果偏低。

④可用10%尿素溶液和2%亚硝酸钠代替叠氮化钠溶液。使用时应注意防止亚硝酸钠还原六价铬。为此，应在溶液中预先加入尿素。使亚硝酸钠还原高锰酸钾后，即与尿素反应。所以亚硝酸钠溶液的用量必须控制，且加入后必须充分摇动。

⑤加入二苯碳酰二肼丙酮溶液后，应立即摇动，防止局部有机溶剂过量而使六价铬部分被还原为三价，使测试结果偏低。

⑥用高锰酸钾氧化剂来氧化低价铬时，七价锰有可能被还原为二氧化锰，出现棕色。棕色妨碍辨认溶液的紫红色，从而影响低价铬的氧化完全。因此，要控制好溶液的酸度及高锰酸钾的用量。

6. 样品铁、铜、锌、锰的测定（AAS法）

（1）测定原理

通过消化处理样品中各种形态的重金属转化为离子态，用原子吸收分光光度法测定，比较分析样品中重金属含量。

（2）仪器和药品

①仪器

原子吸收分光光度计；尼龙筛：100 目；容量瓶：25 ml，100 ml；红外消煮炉（带消化管）；烘箱；万分之一天平。

②试剂

a. 硝酸、盐酸、高氯酸均分析纯。

b. 氧化剂：空气，用气体压缩机供给，经过必要的过滤和净化。

c. 金属标准储备液：准确称取 0.500 0 g 光谱纯金属，用适量的 1∶1 硝酸溶解，必要时加热直至溶解完全。用水稀释至 500.0 ml，即得浓度为 1.00 mg/ml 标准储备液。

d. 混合标准溶液：用 0.2% 硝酸稀释金属标准储备溶液配制而成，使配成的混合标准溶液中铁、铜、锌和锰浓度为 10.0 μg/ml。

（3）实验步骤

①土样的消解

准确称取烘干样品 0.2 g（准确到 0.1 mg），置于消化管中，加水少许润湿，再加入王水 5 ml，高氯酸 1 ml，消化管口上放上配套的漏斗，之后在红外消煮炉上加热至冒白烟，直至样品变白。取下冷却后，用水冲消化管。将消解液全部转移到 25 ml 容量瓶中，用二次蒸馏水定容至刻度，摇匀备用。同时做 1 份空白试验。

②标准曲线的绘制

分别吸取 10 μg/ml 铁、铜、锌、锰的标准溶液 0 ml、5.0 ml、10.0 ml、20.0 ml、30.0 ml、40.0 ml、50.0 ml 放入 100 ml

容量瓶中，用去离子水稀释到刻度。即得此即为 0 μg/ml、0.5 μg/ml、1.0 μg/ml、2.0 μg/ml、3.0 μg/ml、4.0 μg/ml、5.0 μg/ml 系列的标准锰溶液，与待测样品在相同的仪器条件下在原子吸收分光光度计上测定。以浓度为横坐标（X），以吸光度为纵坐标（Y），在方格纸上绘制标准曲线或者计算出二者的回归方程。

（4）数据处理

由测定所得吸光度，分别从标准曲线上查得被测试液中各金属的浓度，根据下式计算出样品中被测元素的含量：

$$\text{被测元素含量（ug/g）}=\frac{\rho\times V}{W_{实}}$$

式中：ρ——被测试液的浓度，μg/ml。

V——试液的体积，ml。

$W_{实}$——样品的实际重量，g。

（5）注意事项

避免使用金属材料的器皿和采样工具。

7. 样品酸度的测定（pH 计测定法）

（1）方法原理

pH 计测定法的原理是当一个指示电极与一个参比电极同时浸入同一溶液中，两电极间即产生一种电动势，这种电动势的大小直接与溶液的 pH 值有关。在测定过程中，参比电极电位保护不变，而指示电极的电位则随溶液 pH 值的改变而改变。这种指示电极电位的改变可通过一定换算装置直接表示为 pH，常用的参比电极为甘汞电极，而指示电极有多种，常用的是玻璃电极。

（2）试剂配制

①1 mol/l KCl 溶液：用感量 0.1 g 台秤称取 74.6 g KCl，溶

于400~500 ml蒸馏水中，用10% KOH或HCl调节pH在5.5~6.0之间，而后稀释至1 l。

②pH 4.01标准缓冲液：称取在105℃烘过的苯二甲酸氢钾（$KHC_8H_4O_4$）10.21 g，用蒸馏水溶解后稀释至1 l，即为pH 4.01、浓度为0.05 mol/l的苯二甲氢钾溶液。

③pH 6.87标准缓冲液：称取在45℃烘过的磷酸二氢钾3.39 g和无水磷酸氢二钠（或带有12个结晶水的磷酸氢二钠于干燥器中放置两周，使其成为带2个结晶水的磷酸氢二钠，再经130℃烘成无水磷酸氢二钠备用），溶解在蒸馏水中，定容至1 l。

④pH 9.18标准缓冲溶液：称3.80 g硼砂（$NaB_4O_7 \cdot 10H_2O$）溶液于蒸馏水中，定容至1 l。此缓冲液容易变化，应注意保存。

（3）操作步骤

称取通过1 mm孔径筛子的风干土样10 g，放入50 ml烧杯中，加入25 ml无离子水，间歇地搅拌或摇动30分钟，放置平衡半小时后用pH计测定。

（4）注意事项

①水土比的影响：一般土壤悬液越稀则测得的pH越高，通常大部分土壤以脱粘点稀释到水土比10∶1时，pH约增高0.3~1.0单位，其中尤以碱土稀释效应为大。为了能够相互比较，在测定pH时，水土比应加以固定。国际土壤学会曾规定2.5∶1的水土比例为准。

②拟测的土壤样品，过筛后如不立即测定，应贮存于密塞瓶中，以免受试验室氨气或其他酸类气体的影响。加水浸提土样时，摇动及放置平衡的时间对土壤pH值有影响，有的1分钟

即可平衡，有的要1小时之久，本法为了适应于我国大多数土壤情况而定。测定时电极浸入土壤悬液后应摇动均匀，使电极电位达到平衡，随即进行测定，不应放置过久。

③玻璃电极使用前要在0.1N HCl溶液中或蒸馏水中浸泡24小时以上，使用时先轻轻振荡电极内溶液，至球体部分无气泡为止。电极球体极薄易碎，使用时必须小心谨慎。电极不用时，可放在0.1N HCl中或无离子水中保存，如长期不用可放在纸盒中保存。

④甘汞电极：一般套管是用饱和KCl溶液灌注的，如发现电极内部无KCl结晶时，应从侧口投入若干KCl结晶体，以保持溶液的饱和状态。电极不用时可插入饱和KCl液中或者在纸盒中保存，不得浸没在无离子水或其他溶液中。

第二节 大气降尘量的时空分布

一、大气降尘量的年度分布规律

2009—2011年按月对降尘进行称重，结果表明：大气降尘量的年度变化范围在847.79 kg/km^2 ~ 2 877.02 kg/km^2，其中4月份的降尘量达到最大值，1月份降尘量达到最小值（见图3-2）。

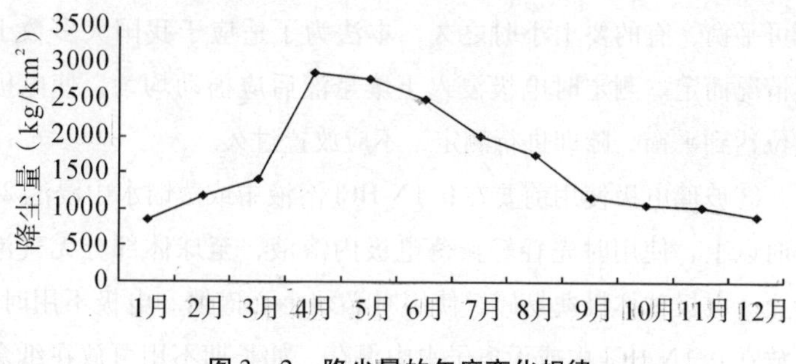

图 3-2　降尘量的年度变化规律

二、大气降尘量的空间分布规律

在研究区的三个高度（2 m、10 m、20 m）处分别设置采样点，通过对 2009—2011 年三年的数据进行分析，结果表明：随着高度的增加，所收集的降尘数量减少（见图 3-3）。

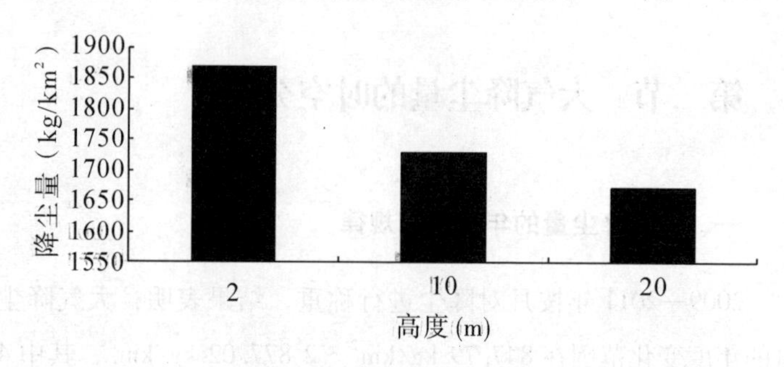

图 3-3　降尘量的空间分布

三、降尘量与浮尘、扬沙及沙尘暴的相关关系

对研究区的降尘量与浮尘日数、扬沙天数及沙尘暴天数分别进行相关分析（见图 3-4），结果表明：降尘量与浮尘日数之间呈现极显著的直线相关，相关方程为 $Y = 307.75 + 2\,249.32X$（$R = 0.86$，$P < 0.01$）；降尘量与扬沙日数呈现显著的直线相关，

相关方程为 Y =4 389. 03 + 770. 97X（R = 0. 616，P < 0. 05）；降尘量与沙尘暴日数之间呈现极显著直线相关，相关方程为 Y = 4 307. 20 + 1 375. 58X（R = 0. 82，p < 0. 01）。

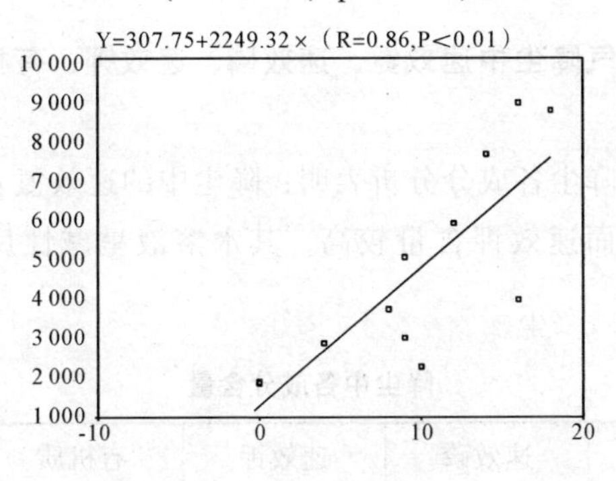

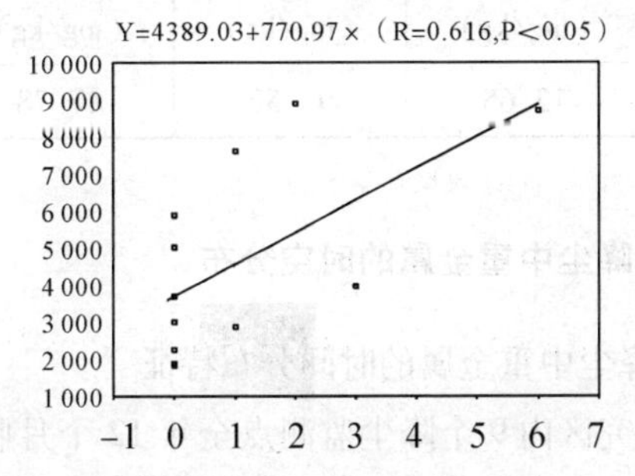

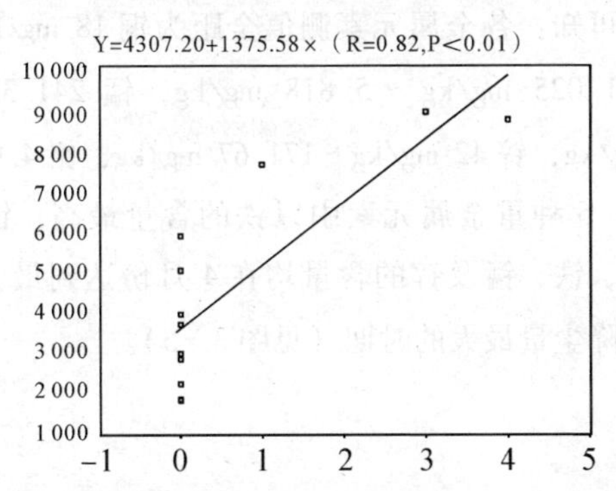

图 3 -4 降尘量与浮尘、扬沙、沙尘暴天数的线性关系

第三节　大气降尘中各成分特征

一、大气降尘中速效氮、速效磷、速效钾、有机质及酸碱度特征

通过对降尘各成分分析表明：降尘中的速效氮及速效磷的含量较低，而速效钾含量较高，其水溶液呈碱性反应（见表3－1）。

表3－1　降尘中各成分含量

速效氮（mg/kg）	速效磷（mg/kg）	速效钾（mg/kg）	有机质（mg/kg）	pH
3.08	12.65	93.52	17.78	8.00

二、大气降尘中重金属的时空分布

1. 大气降尘中重金属的时间分布特征

通过对研究区内9个降尘监测点全年12个月收集的降尘样品进行分析可知：各金属元素测值全距为铜18 mg/kg～114.33 mg/kg，铁1 025 mg/kg～5 818 mg/kg，锰241.33 mg/kg～1 115.67 mg/kg，锌42 mg/kg～171.67 mg/kg，铬4.94 mg/kg～9.63 mg/kg。5种重金属元素中以铁的含量最高，铬的含量最低。其中铜、铁、锰及锌的含量均在4月份达到最大值，这个时期是全年降尘量最大的时期（见图3－5）。

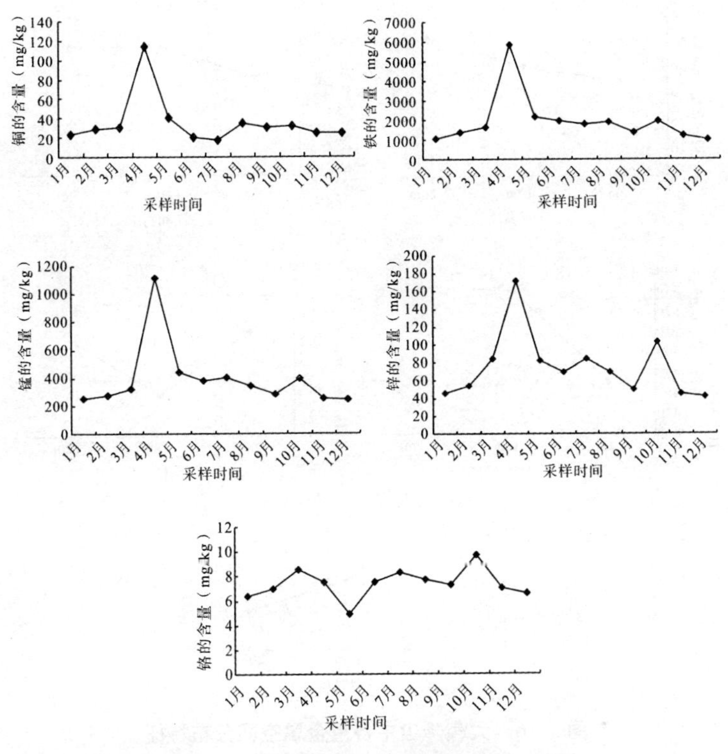

图 3－5　降尘中重金属的时间变化特征

2. 大气降尘中重金属的空间分布特征

大气降尘中的各重金属在不同的空间位置其含量存在明显的差异：铜、铁、锰随着采样高度的增加含量递增；铬的含量随着采样高度的增加而递减；锌在高度 2 m 处含量达到最大值，在高度 10 m 处含量达到最小值（见图 3－6）。

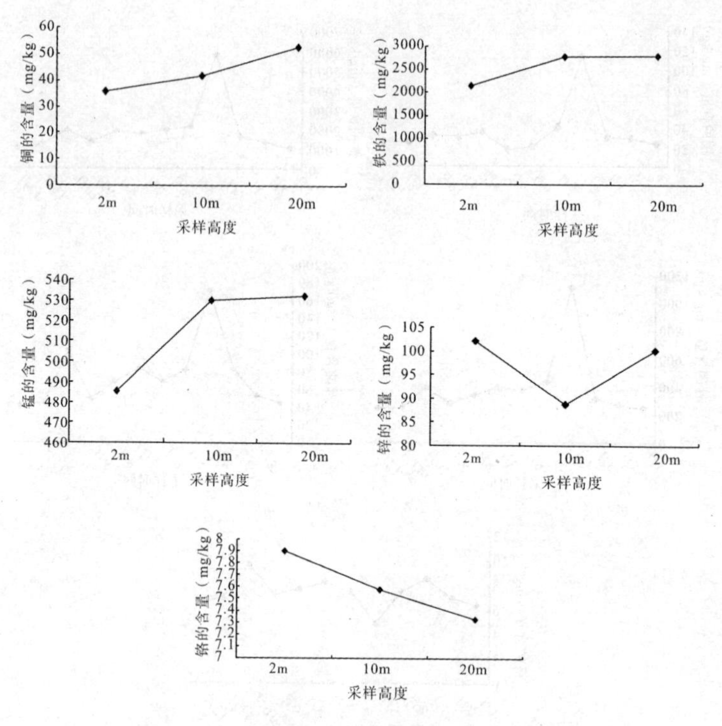

图 3－6　大气降尘中各重金属空间分布特征

3．大气降尘中各重金属含量与降尘量的相关性分析

对大气降尘中重金属含量与降尘量进行相关性分析的结果表明：大气降尘中铜的含量与降尘量呈显著相关（R = 0.632，P = 0.028 < 0.05），铁的含量与降尘量呈极显著相关（R = 0.745，P = 0.005 < 0.01），锰的含量与降尘量呈极显著相关（R = 0.740，P = 0.006 < 0.01），锌的含量与降尘量呈显著相关（R = 0.699，P = 0.017 < 0.05），铬的含量与降尘量无显著的线性关系（见表 3－2）。

表 3-2　大气降尘中重金属含量与降尘量的相关性分析

元素	相关方程	R	P
Cu	y = 1 061.937 + 17.54x	0.632	0.028 *
Fe	y = 875.653 + 0.46x	0.745	0.005 **
Mn	y = 783.129 + 2.248x	0.740	0.006 **
Zn	y = 556.738 + 14.352x	0.699	0.017 *
Cr		−0.147	0.648

注：R 是相关性系数，P 是显著性水平（P<0.05 显著，P<0.01 极显著）

4 月是一年中大风、浮尘、扬沙、沙尘暴最为频繁的时期，该月的降尘量达到最大值，此时的降尘中的重金属铜、铁、锰及锌均达到最大值。大气降尘中各重金属含量与降尘量的相关性分析进一步表明大气降尘中铜、铁、锰及锌与降尘量之间呈现显著或极显著的线性关系，即随着降尘量的增加，大气降尘中铜、铁、锰及锌均呈增加趋势。

第四节　小结

一、大气降尘量的时空分布

对三年降尘数据的统计分析结果表明，一年当中降尘量在 4 月份最多，这是因为 4 月份是研究区沙尘暴、浮尘、扬沙最多的月份，降尘量与沙尘暴天数、浮尘天数及扬沙日数之间有显著的相关性。

为了确定降尘量随着高度变化的变化趋势，选取了三个对作物和人类影响较大高度（2 m、10 m 和 20 m），研究表明，随着高度的增加，降尘量呈递减趋势。

二、大气降尘中各成分特征分析

降尘的水溶性呈碱性。参照全国土壤养分等级标准（见表3－3），降尘中的有机质属于4级，含量较低；碱解氮属于6级，含量极低；速效磷含量属于3级，含量偏低；速效钾含量属于4级，含量较低。

表3－3　　全国土壤养分分级标准

类型 级别	有机质（mg/kg）	碱解氮（mg/kg）	速效磷（mg/kg）	速效钾（mg/kg）
1	＞40	＞150	＞40	＞200
2	30～40	120～150	20～40	150～200
3	20～30	90～120	10～20	100～150
4	10～20	60～90	5～10	50～100
5	6～10	30～60	3～5	30～50
6	＜6	＜30	＜3	＜30

对研究区内9个降尘监测点全年12个月收集的降尘样品进行分析的结果表明：铜、铁、锰及锌的含量均在4月份达到最大值，此结论与降尘量的空间分布结果相一致；铜、铁、锰及锌与降尘量之间均有显著的相关性，即随着降尘量的增加，大气降尘中铜、铁、锰及锌均呈增加趋势。

在不同的空间范围内，大气降尘中的重金属含量存在显著差异，其中铜、铁、锰的含量均随着高度的上升呈现递增的趋势；铬的含量随高度的递增呈现递减趋势；锌在高度2 m处含量达到最大值，在高度10 m处含量达到最小值。由此说明，在该研究区域内的乔木如胡杨、灰杨、新疆杨等受大气降尘中的铜、铁、锰的影响较大，而农作物如棉花、小麦等受大气降尘中铬、锌的影响较大。

第四章　大气降尘对香梨影响的研究

第一节　样品采集及测定方法

一、样地布设

1. 在研究区选择不同树龄（10 年、20 年、40 年）的香梨园地作为样地。

2. 在同一样地中，选择接受降尘的样树 10 株和不接受降尘的样树 3 株，在同一样树中选择 3 个不同高度（1.5 m、2.5 m、3.5 m），在同一高度处选择不同的采样部位（内部、中部、外部）进行定点；同时取样涉及每个树体的东、南、西、北四个方向。

3. 在新稍生长期、幼果期、果实膨大期和果实成熟期分别采样香梨叶片作为样本，进行成分测定。

二、植物样品的测定

1. 植物体内叶绿素含量测定

利用SPAD502叶绿素速测仪进行测定，以SPAD值来代替叶绿素含量的相对值。

2. 植物光合速率及蒸腾速率等光合性状指标的测定

利用Li-6400光合测定仪进行测定。

3. 植物全氮、全磷、全钾的测定

(1) 植物样品的消煮——$H_2SO_4-H_2O_2$法

①原理

作物体中的氮、磷、钾通过H_2SO_4和H_2O_2消化，有机含氮化物转化成铵态氮，各种形态有机含磷化合物转化成磷酸，N、P、K均转变成可测的离子态（氮转化为NH_4^+，磷转化为H_3PO_4，钾转化为K^+）。然后采用相应的方法分别测定。

②主要仪器及设备

分析天平、消化管、红外线消煮炉。

③试剂

浓硫酸（化学纯，比重1.84）、30% H_2O_2。

④操作步骤

称取植物样品0.300 0 g~0.500 0 g（精确到0.000 1 g）放入消化管内，加10滴蒸馏水润湿样品，加浓H_2SO_4 5 ml，将样品和浓H_2SO_4混匀，放在红外线消煮炉上加热，文火微沸5分钟后取出消化管，稍冷后滴加30% H_2O_2 5滴~10滴，再加热至微沸，消煮约5分钟~10分钟，如此重复数次，每次添加的H_2O_2应逐渐减少，至消化液清亮透明为止。继续加热10分钟，除去剩余的H_2O_2。消煮完毕后，取出消化管冷却，用少量蒸馏水，少量多次地将全部消化液洗入100 ml容量瓶中，冷却后定容。

(2) 待测液中全氮的测定——半微量开氏法

①原理

植物体内的含氮化合物经 H_2SO_4 和 H_2O_2 消化后，有机含氮化合物转化为铵态氮，吸取部分消煮液经过加碱蒸馏，使氨吸收在硼酸溶液中，用标准酸滴定之。

蒸馏过程的反应：

$$(NH_4)_2SO_4 + 2NaOH \rightarrow Na_2SO_4 + 2NH_3 + 2H_2O$$

$$NH_3 + H_2O \rightarrow NH_4OH$$

$$NH_4OH + H_3BO_3 \rightarrow NH_4 \cdot H_2BO_3 + H_2O$$

滴定过程的反应：

$$2NH_4 \cdot H_2BO_3 + H_2SO_4 \rightarrow (NH_4)_2SO_4 + H_2O$$

②主要仪器及设备

半微量定氮蒸馏器、半微量酸式滴定管、三角瓶等。

③试剂

a. 10 mol/l NaOH 溶液：称取 NaOH（化学纯）400 g 于硬质玻璃烧杯中，加水溶解不断搅拌（防止烧杯底部固结），再稀释至 1 000 ml，贮存于塑料瓶中。

b. 甲基红—溴甲酚绿混合指示剂：0.5 g 溴甲酚绿和 0.1 g 甲基红溶于 100 ml 乙醇中。

c. 2% 硼酸指示剂溶液：称取 20 g 硼酸（化学纯）用热蒸馏水（约 60℃）溶解，冷却后稀释至 1 000 ml，每升硼酸溶液中加入 5 ml 甲基红—溴甲酚绿混合指示剂，并用稀酸或稀碱调节至紫红色，此溶液的 pH 值约为 4.8。指示剂用以前与硼酸混合，此试剂宜鲜配，不宜久放。

d. 0.02 mol/l ($1/2H_2SO_4$) 标准溶液：量取 H_2SO_4（化学纯、无氮、比重 1.84）2.83 ml，加水稀释至 5 000 ml，然后用

标准碱或硼砂标定之。

0.01 mol · l^{-1} 1/2H_2SO_4 标准溶液的标定：称取三份 0.4×××g～0.6×××g 硼砂（$Na_2B_4O_7 \cdot H_2O$）于 250 ml 三角瓶中，加入约 50 ml 水溶解，再加 1～2 滴定甲基红—溴甲酚绿指示剂。将待标定的 H_2SO_4 标准溶液转入滴定管中，滴定硼砂溶液至终点（指示终点的颜色由蓝色突变为微红色）。

$$\text{硫酸标准液浓度}\left(\frac{1}{2}H_2SO_4\right)\text{mol/l} = \frac{m}{V \times 10^{-3} \times 190.7}$$

式中：m——硼砂的质量，g。

V——硫酸标准溶液的用量，ml。

190.7——硼砂的摩尔质量，g/mol。

10^{-3}——将 ml 换算成 l 的系数。

e. 0.01 mol/l（1/2H_2SO_4）标准溶液：将 0.02 mol/l（1/2H_2SO_4）标准溶液用水稀释 1 倍。

④操作步骤

a. 蒸馏

将 5 ml 待测液加入半微量蒸馏器中。另备 150 ml 三角瓶，加入 2% 硼酸指示剂溶液 10 ml，将三角瓶置于冷凝管下端，使冷口凝管离硼酸液面约 4 cm。然后从小漏斗处加入 10 mol/l NaOH 溶液 10 ml，立即关闭蒸馏室，通入蒸汽蒸馏。蒸馏约 15 分钟左右，蒸馏液体积约为 30 ml～40 ml 时停止蒸馏（见图 4-1）。

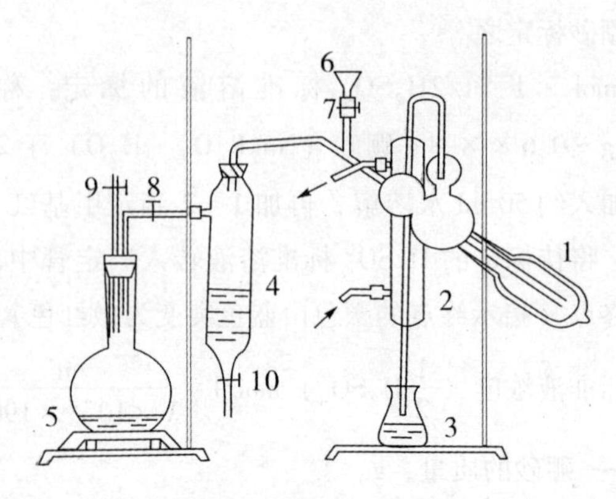

1 蒸馏瓶，2 冷凝管，3 承受瓶，4 分水筒，5 蒸气发生器，

6 加碱小漏斗，7、8、9 螺旋夹子，10 开关

图 4-1　半微量蒸馏装置

b. 滴定

将 0.01 mol/l（或 0.02 mol/l）（$1/2H_2SO_4$）标准溶液装入半微量酸式滴定管中，滴定硼酸溶液中吸收的氨，滴定过程中颜色的变化是由蓝绿至蓝紫突变为紫红色。

⑤结果计算

$$全N(g/kg)=\frac{(V-V_0)\times C\times 14.0\times 10^{-3}\times V_2}{m\times V_1}\times 10^3$$

式中：C——$1/2H_2SO_4$ 标准液的浓度（即 H_2SO_4 的当量浓度），mol/l。

V_0——滴定空白时用去硫酸标准液的毫升数，ml。

V——滴定土样时用去硫酸标准液的毫升数，ml。

V_2——消煮溶液定容体积，ml。

V_1——吸取消煮溶液的体积，ml。

m——土壤样品重，g。

14.0——氮的摩尔质量，g/mol。

10^{-3}——将 ml 换算为 l。

10^3——换算系数。

（3）待测液中全磷的测定——钒钼黄比色法

①原理

在酸性条件下，溶液中的磷酸根与偏钒酸盐和钼酸盐作用形成黄色的钒钼酸盐。黄色的深浅与溶液中磷的浓度呈正比。此法要求酸度 0.04 mol/l ~ 1.6 mol/l（以 0.5 ~ 1.0 mol/l 最好），测磷浓度范围 0 mg/kg ~ 20 mg/kg。

②主要仪器及设备

分光光度计、容量瓶等。

③试剂

a. 钒钼酸试剂：25.0 g 钼酸铵〔（NH_4）$_2Mo_7O_2$ $4H_2O$〕溶于 400 ml 水中，另取 1.25 g 偏钒酸铵（NH_4VO_3）溶于 300 ml 沸水中，冷却后加入 250 ml 浓 HNO_3，冷却后，将钼酸铵溶液慢慢地混入偏钒酸铵溶液中，边混边搅拌，用水稀释至 1 l。

b. 2，6—二硝基酚指示剂：0.25 g2，6—二硝基酚溶于 100 ml 水中。

c. 6 mol/l NaOH 溶液：称取 24g NaOH（化学纯）溶于水中，稀释定容到 100 ml。

d. 50 μg/ml 磷的标准溶液：准确称取在 105℃烘箱中烘干的 KH_2PO_4（分析纯）0.219 5 g，溶解在 400 ml 水中，加浓硫酸 5 ml，转入 1 l 容量瓶中，加水至刻度。

④操作步骤

吸取待测液 20 ml，放入 50 ml 容量瓶中，加 2，6—二硝酚指示剂 2 滴，用 6 mol/l NaOH 中和至刚呈淡黄色，准确加入钒钼酸铵试剂 10 ml，摇匀，用水定容，15 分钟后比色，波长 450 nm，以空白液调节消光度为零。

标准曲线制作：先取6只50 ml容量瓶，用50 μg/ml磷标准溶液配制标准曲作，分别吸取50 μg/ml P标准液0、1.0、2.5、5.0、7.5、10.0、15.0 ml于50 ml容量瓶中，按上述步骤显色，即得0、1.0、2.5、5.0、7.5、10.0、15.0 μg/ml P的标准色阶曲线，然后进行比色。以磷的浓度为横坐标（X），以吸光度为纵坐标（Y），在方格纸上绘制标准曲线或者计算出二者的回归方程。

$$全P(g/kg)=C\times\frac{V}{m}\times\frac{V_2}{V_1}\times10^{-3}$$

⑤结果计算

式中：C——从标准曲线上查得（或利用回归方程计算）待测液中磷的浓度，μg/ml。

V——显色的溶液体积，ml。

m——称样质量，g。

V_2——消煮溶液定容体积，ml。

V_1——吸取消煮溶液的体积，ml。

10^{-3}——换算系数。

（4）待测液中全钾的测定——火焰光度法

①原理

含钾溶液雾化后与可燃气体（如汽化的汽油等）混合燃烧，其中的钾离子（基态）接受能量后，外层电子发生能级跃迁，呈激发态，由激发态变成基态过程中发射出特定波长的光线(称特征谱线)。单色器或滤光片将其分离出来，由光电池或光电管将特征谱线具有的光能转变为电流。用检流计测出光电流的强度。光电流大小与溶液中钾的浓度呈正比，通过与标准溶液光电流强度的比较求出待测液中钾的浓度。

②主要仪器及设备

火焰光度计、容量瓶。

③试剂

100 μg/ml 钾的标准溶液：称取 KCl（分析纯，110℃烘干 2 小时）0.190 7 g 溶于 1 mol/l 中性醋酸铵溶液中，定容至 1 l。

④步骤

吸 5 ml 消煮液置于 50 ml 容量瓶中，用水定容，用火焰光度计测定 K。

标准曲线的制作：准确吸取 100 μg/ml 钾标准液 0、0.5、1.0、2.5、5.0、10、20 ml 分别放入 50 ml 容量瓶中，各加空白消煮液 5 ml，加水定容。配制成 0、1、2、5、10、20、40 μg/ml K 的标准溶液系列。以检流计读数为纵坐标（Y），钾的浓度为横坐标（X），在方格纸上绘制标准曲线或者计算出二者的回归方程。

⑤结果计算

$$全 K(g/kg) = \frac{C \times V \times ts}{m} \times 10^{-3}$$

式中：C——从标准曲线上查得（或利用回归方程计算）待测液中钾的浓度，μg/ml。

V——测定液的体积，ml。

ts——消煮溶液定容体积/吸取消煮溶液的体积。

m——称样量，g。

10^{-3}——换算系数。

第二节　香梨的特性

梨树是世界上重要的落叶果树之一，其果实多具芬芳，风味甚佳，且有许多营养成分都是人体所需的，因此它是广大人民群众所喜爱的一种果品。近年来，随着社会主义市场经济体制的形成，人民生活水平的逐渐提高，消费者对梨果实品质的要求也日趋提高。新疆具有其独特的自然气候和资源条件，为梨果发展提供了前提条件。库尔勒香梨是驰名中外的新疆梨的主栽品种。新疆是梨的原产地之一，在长期的自然杂交和人工选育中形成了很多优良品种，库尔勒香梨就是其中之一。香梨栽培历史悠久，据史料记载至少在1300年前，南疆各地、吐鲁番、伊犁均有种植，主要分布在塔里木河河下游和孔雀河上中游，以库尔勒附近地区种植面积最大、品质最好，因而俗称库尔勒香梨。它以皮薄、酥脆、细嫩、石细胞少、汁多味甜、香味浓郁和耐贮藏等特点，在国内外享有盛誉。

据测定，香梨折光糖含量 >12%、总酸量 <0.09%、硬度 <6.5 kg/cm^2，可食部分达84%左右。香梨富含维生素和微量元素，并有药用价值。

香梨在库尔勒垦区3月下旬萌芽，4月中旬开花，果实9月中旬成熟，9月中下旬采收，11月中旬落叶，果实生育期150天，营养生长期225天左右。香梨树势强健，树冠中等大，20年生树，树高5 m，冠径3.6 m~4.2 m，干周60 cm左右。萌芽力强，为75%，成枝力中等，为25%。进入结果期较早，一般栽后4年开始结果，以短果枝结果为主。各类果枝的比例，短果枝75%，中果枝10%，长果枝5%，腋花芽10%，较丰年稳产。

香梨栽植面积自20世纪80年代中期迅速扩大，到2000年全区栽植面积已超过30 000hm^2，产量超过100 000 t，产品受到各大城市的欢迎，并外销到香港、东南亚等地，出口价比其他梨高出1~2倍。在农业部的全国优质瓜果布局中，新疆是香梨的发展基地。根据自治区农林部门的规划，到2010年香梨种植面积达到66 700 hm^2 以上，其中优质香梨生产基地将达到44 000 hm^2；兵团规划46 000 hm^2。至盛果期预计全区（含兵团）产量将达20 000 000～25 000 000 t。

一、香梨对自然条件的要求

1. 气候条件

（1）光照

香梨喜光，南疆年均日照在2 959～3 118小时，可以充分满足香梨对光的需求。光照良好，则树体生长健壮，病少，花芽分化好，果实外观美，糖度高，品质好；光照不良，则树体生长弱，易发生病害，花芽分化差，果实品质劣且产量不高。

（2）温度

香梨产区历年平均气温10.7℃～10.8℃，1月平均气温为-9.7℃～-9.4℃，7月份平均气温约26℃，香梨生长季节（4～10月）各月平均气温在-26.9℃～0.9℃之间，休眠期（11月～次年3月）各月平均气温在-9.4℃～6.0℃之间。

香梨开花较早，花芽发育的临界温度为8℃～10℃。开花始期要求温度在10℃以上。正常花期气温在15℃～20℃，一般可持续7～10天。温度过低，则花期延长；温度过高，则花期缩短。香梨开花一般在4月中旬。不同年份因气温差异，花期相差两周左右。影响花期的温度主要与开花前一个月内10℃以上的积温有关。

花芽分化和果实发育均以气温在20℃～30℃之间较好。气温过低或过高会影响果实正常的发育和花芽分化，导致果形偏小，品质下降。

香梨的分布不仅决定于年平均气温，还决定于冬季最低温度。如果冬季气温过低，就不适宜栽培香梨。

（3）水份

水是梨树生长、结实等一切生命活动的命脉，香梨果实含水量为84.5%～86.0%，叶为70%，枝梢为50%～70%，根系含水量为80%左右。

南疆属于干旱地区，年降水量仅为0 mm～30 mm，蒸发量为2 408 mm～2 671 mm。梨所需水分主要靠灌溉补给。每公顷产量为37 500 kg的成年梨树，年耗水量为9 000 m^3～12 000 m^3，田间持水量为60%～80%，最适宜香梨的生长。6～8月气温高，蒸发量大，又值梨果实膨大期，因此，保持最适水量是香梨获得优质丰产的重要措施。

（4）大风、风沙、浮尘

香梨的花期和果实成熟期正值南疆多风季节，据观测，树冠外风速达3 m/s时开始落花，>10 m/s时大量落花。在果实成熟期，5级以上风出现落果，8级以上风大量落果。所以危害香梨的风害主要是4～9月的大风和沙尘暴。此外，南疆的重浮尘在开花期会严重污染雌花枝头并造成低温寡照，影响授粉受精，2000年南疆部分香梨产区因此造成减产达40%～50%。

2. 土壤条件

香梨对土壤条件要求不太严格，无论是对壤土、黏土、砂土或是一定程度的盐碱性土壤，梨都有较强的耐适性，这也是香梨树能在南疆广泛栽种的原因之一。

但是土壤是梨的栽培基础，不同的土壤，其肥力、松紧度、透气性、土温、水分及酸碱度等差异较大。因而不同土壤中梨树的根系和地上部分长势、香梨产量和品质的差异十分显著。

因此，为了取得良好的栽培效果，还是应选择中性肥沃沙壤土最好。在条件不同的土壤上栽培香梨，就要下一番工夫改土。

温度、光照、水分、风、土壤等各种因子对梨树的影响是相互关联、相互影响、相互制约的。在一定地区或地块，可能是某个因子起主导作用，其他因子起次要作用；而随着地区或地块的改变，各因子的主次关系就会发生改变。所以，在栽培管理上，不单要注意每一个因子，还要分析其相互关系，在着重考虑主导因子的同时兼顾其他因子。

二、梨树的矿质营养

梨树各器官中矿质养分含量是有差异的。其中以叶片养分含量最高，其次是结果枝和果实。但磷的含量比较特殊，以结果枝最高，其次才是叶片和根部，而营养枝、干和多年生枝最低。

（1）萌芽至开花期：在花朵、新稍、幼叶内的氮磷钾含量，尤其是氮的含量最高。虽然此期对养分的需求较为迫切，但主要是利用树体前一年的贮藏养分，利用土壤中的养分较少。

（2）新稍旺盛生长期：此期间树体生长量大，是吸收氮、磷、钾最多的时期，其中以吸收氮最多，钾次之，磷最少。

（3）花芽分化和果实迅速膨大期：因果实膨大时需要养分较多，果实发育需较多钾素，因此，钾的吸收量比氮高，磷的吸收量仍比氮、钾少。

（4）果实采收至落叶期：梨树仍能吸收部分养分，但吸收数量已明显减少。

三、矿质营养与梨树生长、果实品质的关系

氮对梨树生长有深刻的影响，它能促进梨树花芽分化。氮

素供应水平、供应时间直接影响梨果的大小、品质和风味。如果早期停止供应氮素，果实细胞的分裂和发育较差，果形小，氮果实成熟早，含糖量较高。相反，如果氮素一直充分地供应到后期，则细胞发育良好，果实大，细胞壁薄，产量高，但因氮素过多，果实糖分降低。如果氮素水平较高，氮素供应充足，梨树就有较好的叶量指标。当每个果实有 13 片叶，并且有 600 cm^2 以上的叶面积，叶厚达 0.17 mm 时，梨树就能获得高产。

供应梨树适量的磷，能明显促进细胞的分裂，使梨果细胞数量多，个体大，并使新根发生快，花芽分化多。目前普遍认为，磷能增加果实的糖分。梨树对磷的需求量小，抗缺磷能力强，在草莓和蔬菜已表现缺磷的土壤中，梨树却能正常生长、结果。梨树缺磷时，叶片边缘和叶尖焦枯，叶片变小，新稍短，果实不能正常成熟。

梨树需钾量大体与氮相当。适量的钾能促进细胞分裂，促进细胞和果实增大。钾不仅能促进梨果膨大，并能提高梨果的含糖量。停止供钾越早，果实越小，这与氮的停用相似。与氮不同的是，果实生长后期停止供应氮，果实大小几乎没有差异，而后期停钾则会降低果实的增长速度。此外，停钾越早，果实含糖量越少。

第三节　大气降尘对香梨叶片光合特性的影响

光是植物生命活动中起重要作用的生存因子。只有充分满足植物对光的需求，提高光的利用率，才能提高果品的产量和质量。

一、大气降尘对香梨叶片净光合速率的影响

1. 大气降尘对10年生香梨叶片净光合速率的影响

对10年生香梨叶片分别进行不受降尘影响和受降尘影响的处理，在不同的生育期（新稍生长期、幼果期、果实膨大期、果实成熟期）分别定点测定树体1.5 m、2.5 m、3.5 m三个高度处的内部、中部、外部叶片的净光合速率。结果表明：在各个生育期，不接受降尘处理叶片的净光合速率显著高于接受降尘处理的叶片（$p<0.05$）（见图4－2）。

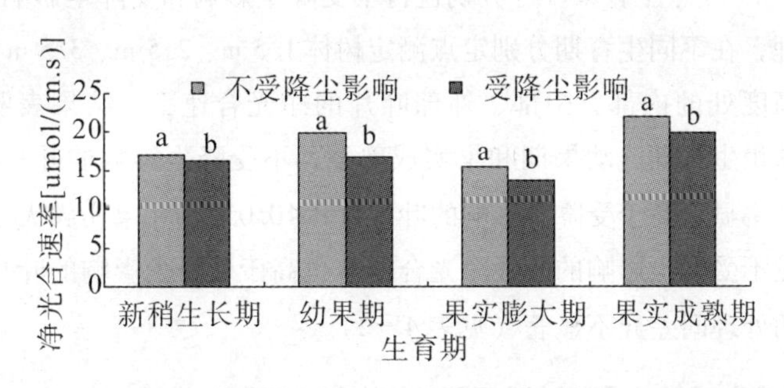

图4－2　不同处理条件下10年生香梨叶片的净光合速率

2. 大气降尘对20年生香梨叶片净光合速率的影响

对20年生香梨叶片分别进行不受降尘影响和受降尘影响的处理，在不同的生育期（新稍生长期、幼果期、果实膨大期、果实成熟期）分别定点测定树体1.5 m、2.5 m、3.5 m三个高度处的内部、中部、外部叶片的净光合速率。结果表明：在新稍生长期、幼果期和果实膨大期，不受降尘影响的叶片净光合速率显著高于受降尘影响的叶片（$p<0.05$）；在果实成熟期，虽然不受降尘影响的叶片净光合速率也高于受降尘影响的叶片，但两处理之间没有显著的差异性（见表4－1）。

表4-1　　　20年生香梨叶片的净光合速率

单位：μmol/（m^2·s）

处理＼生育期	新稍生长期	幼果期	果实膨大期	果实成熟期
不受降尘影响	16.302 2±0.625 0[a]	20.340 0±0.841 2[a]	17.313 3±1.023 8[a]	17.644 4±1.689 8[a]
受降尘影响	15.245 6±1.312 4[b]	14.327 8±0.687 3[b]	14.578 9±1.974 4[b]	16.955 6±1.280 7[a]

注：表中数据为平均值±标准差（n=9），相同的列中不同的小写字母表示差异达到显著水平（$p<0.05$）。

3. 大气降尘对40年生香梨叶片净光合速率的影响

对40年生香梨叶片分别进行不受降尘影响和受降尘影响的处理，在不同生育期分别定点测定树体1.5 m、2.5 m、3.5 m三个高度处的内部、中部、外部叶片的净光合速率。结果表明：在新稍生长期、幼果期和果实成熟期，不受降尘影响的叶片净光合率显著高于受降尘影响的叶片（$P<0.05$）；在果实膨大期，虽然不受降尘影响的叶片净光合速率也高于受降尘影响的叶片，但两处理间差异不显著（见表4-2）。

表4-2　　　40年生香梨叶片的净光合速率

单位：μmol/（m^2·s）

处理＼生育期	新稍生长期	幼果期	果实膨大期	果实成熟期
不受降尘影响	18.825 6±0.494 1[a]	13.498 9±1.006 5[a]	16.581 1±1.815 5[a]	19.177 8±1.108 8[a]
受降尘影响	18.667 8±0.540 6[b]	11.414 4±1.562 0[b]	14.998 9±1.882 1[a]	16.755 6±1.917 8[b]

注：表中数据为平均值±标准差（n=9），相同的列中不同的小写字母表示差异达到显著水平（$p<0.05$）。

二、大气降尘对香梨叶片气孔导度的影响

1. 大气降尘对10年生香梨叶片气孔导度的影响

对10年生香梨叶片分别进行不受降尘影响和受降尘影响的处理，在不同的生育期（新稍生长期、幼果期、果实膨大期、果实成熟期）分别定点测定树体1.5 m、2.5 m、3.5 m三个高度处的内部、中部、外部叶片的气孔导度。结果表明：在各个生育期，不受降尘影响的叶片气孔导度均大于受降尘影响的叶片。除果实膨大期之外，两处理间均差异显著（$p<0.05$）（见图4-3）。

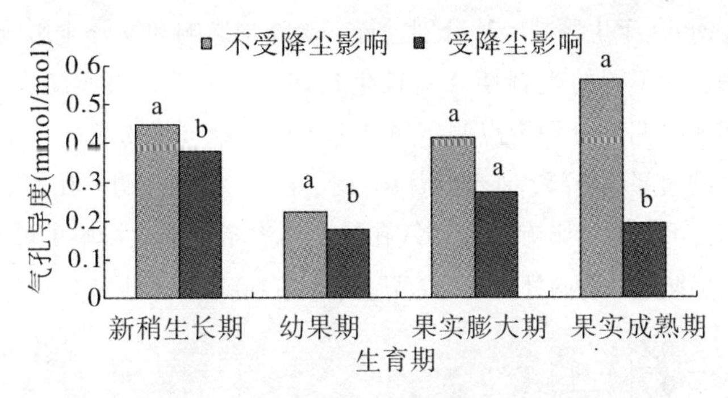

图4-3　不同降尘处理下10年生香梨叶片的气孔导度

2. 大气降尘对20年生香梨叶片气孔导度的影响

对20年生香梨叶片分别进行不受降尘影响和受降尘影响的处理，在不同的生育期（新稍生长期、幼果期、果实膨大期、果实成熟期）分别定点测定树体1.5 m、2.5 m、3.5 m三个高度处的内部、中部、外部叶片的气孔导度。结果表明：在各个生育期，不受降尘影响的叶片气孔导度均大于受降尘影响的叶片。除果实成熟期之外，两处理间均差异显著（$p<0.05$）（见图4-4）。

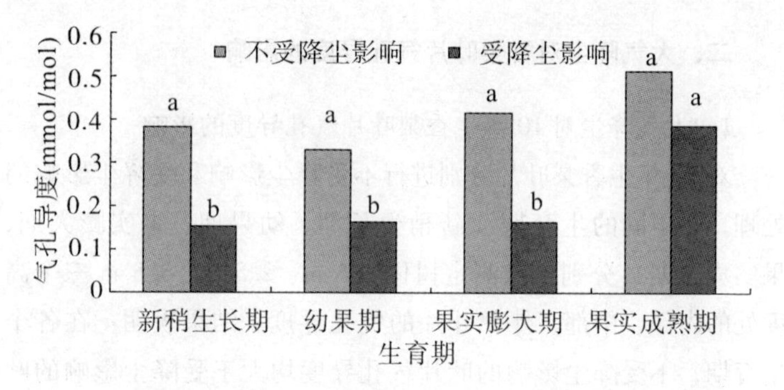

图 4-4　不同降尘处理下 20 年生香梨叶片的气孔导度

3. 大气降尘对 40 年生香梨叶片气孔导度的影响

对 40 年生香梨叶片分别进行不受降尘影响和受降尘影响的处理，在不同的生育期（新稍生长期、幼果期、果实膨大期、果实成熟期）分别定点测定树体 1.5 m、2.5 m、3.5 m 三个高度处的内部、中部、外部叶片的气孔导度。结果表明：在各个生育期，不受降尘影响的叶片气孔导度均大于受降尘影响的叶片。除幼果期之外，两处理间均差异显著（$p<0.05$）（见图 4-5）。

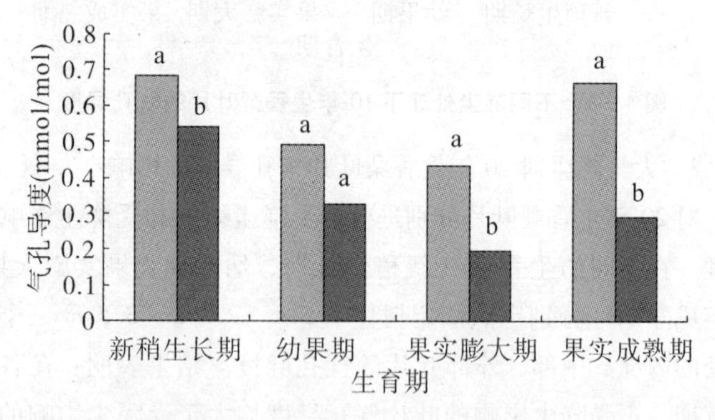

图 4-5　不同降尘处理下 40 年生香梨叶片的气孔导度

三、大气降尘对香梨叶片胞间 CO_2 浓度的影响

1. 大气降尘对 10 年生香梨叶片胞间 CO_2 浓度的影响

对 10 年生香梨叶片分别进行不受降尘影响和受降尘影响的处理，在不同的生育期（新稍生长期、幼果期、果实膨大期、果实成熟期）分别定点测定树体 1.5 m、2.5 m、3.5 m 三个高度处的内部、中部、外部叶片的胞间 CO_2 浓度。结果表明：在各个生育期，不受降尘影响的叶片胞间 CO_2 浓度均大于受降尘影响的叶片。除果实膨大期之外，两处理间均差异显著（$p < 0.05$）（见图 4-6）。

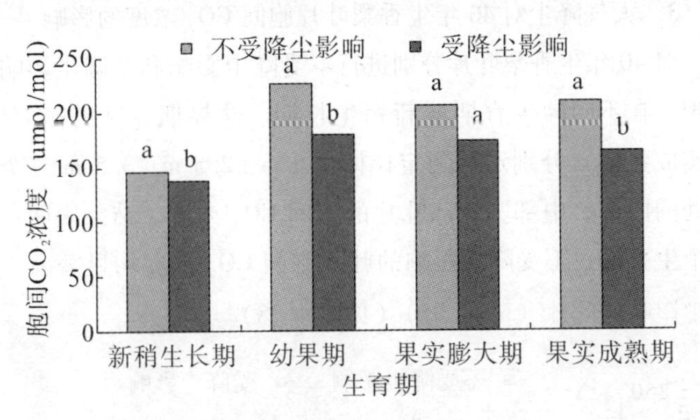

图 4-6　不同降尘处理下 10 年生香梨叶片胞间 CO_2 浓度

2. 大气降尘对 20 年生香梨叶片胞间 CO_2 浓度的影响

对 20 年生香梨叶片分别进行不受降尘影响和受降尘影响的处理，在不同的生育期（新稍生长期、幼果期、果实膨大期、果实成熟期）分别定点测定树体 1.5 m、2.5 m、3.5 m 三个高度处的内部、中部、外部叶片的胞间 CO_2 浓度。结果表明：在各个生育期，不受降尘影响的叶片胞间 CO_2 浓度均显著高于受降尘影响的叶片（$p < 0.05$）（见图 4-7）。

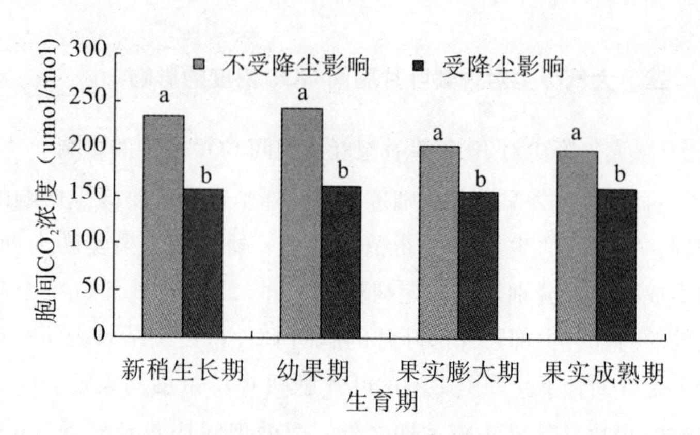

图4-7　不同降尘处理下20年生香梨叶片胞间CO_2浓度

3. 大气降尘对40年生香梨叶片胞间CO_2浓度的影响

对40年生香梨叶片分别进行不受降尘影响和受降尘影响的处理，在不同的生育期（新稍生长期、幼果期、果实膨大期、果实成熟期）分别定点测定树体1.5 m、2.5 m、3.5 m三个高度处的内部、中部、外部叶片的胞间CO_2浓度。结果表明：在各个生育期，不受降尘影响的叶片胞间CO_2浓度均显著高于受降尘影响的叶片（$p<0.05$）（见图4-8）。

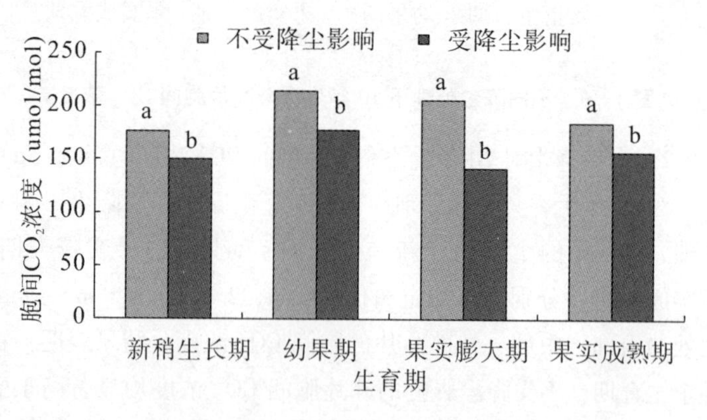

图4-8　不同降尘处理下40年生香梨叶片胞间CO_2浓度

四、大气降尘对香梨叶片蒸腾速率的影响

1. 大气降尘对10年生香梨叶片蒸腾速率的影响

对10年生香梨叶片分别进行不受降尘影响和受降尘影响的处理，在不同的生育期（新稍生长期、幼果期、果实膨大期、果实成熟期）分别定点测定树体1.5 m、2.5 m、3.5 m三个高度处的内部、中部、外部叶片的蒸腾速率。结果表明：在新稍生长期，受降尘影响的叶片蒸腾速率显著高于不受降尘影响的叶片（$p<0.05$）；幼果期和果实成熟期，不受降尘影响的叶片蒸腾速率显著高于受降尘影响的叶片（$p<0.05$）；在果实膨大期，不受降尘影响的叶片蒸腾速率虽然也高于受降尘影响的叶片，但二者之间差异不显著（见表4-3）。

表4-3　10年生香梨里叶片的蒸腾速率

单位：mol/（$m^2 \cdot s$）

处理 \ 生育期	新稍生长期	幼果期	果实膨大期	果实成熟期
不受降尘影响	7.8511±1.2623[b]	11.3344±2.0214[a]	6.1678±2.7856[a]	3.2611±1.1049[a]
受降尘影响	9.7844±1.6306[a]	7.0189±3.6268[b]	4.8867±4.4777[a]	2.2311±0.8932[b]

注：表中数据为平均值±标准差（n=9），相同的列中不同的小写字母表示差异达到显著水平（$p<0.05$）。

2. 大气降尘对20年香梨叶片蒸腾速率的影响

对20年生香梨叶片分别进行不受降尘影响和受降尘影响的处理，在不同的生育期（新稍生长期、幼果期、果实膨大期、果实成熟期）分别定点测定树体1.5 m、2.5 m、3.5 m三个高度处的内部、中部、外部叶片的蒸腾速率。结果表明：在新稍生长期，受降尘影响的叶片蒸腾速率显著高于不受降尘影响的

叶片（$p<0.05$）；在幼果期、果实膨大期和果实成熟期，不受降尘影响的叶片蒸腾速率均显著高于受降尘影响的叶片（$p<0.05$）（见图4-9）。

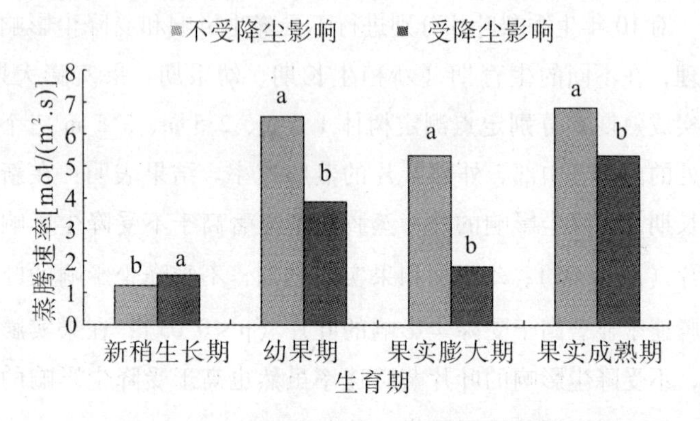

图4-9 不同处理条件下20年生香梨叶片的蒸腾速率

3. 大气降尘对40年生香梨叶片蒸腾速率的影响

对40年生香梨叶片分别进行不受降尘影响和受降尘影响的处理，在不同的生育期（新稍生长期、幼果期、果实膨大期、果实成熟期）分别定株测定树体1.5 m、2.5 m、3.5 m三个高度处的内部、中部、外部叶片的蒸腾速率。结果表明：在新稍生长期，受降尘影响的叶片蒸腾速率显著高于不受降尘影响的叶片（$p<0.05$）；在幼果期，不受降尘影响的叶片蒸腾速率显著高于受降尘影响的叶片（$p<0.05$）；果实膨大期和果实成熟期，不受降尘影响的叶片蒸腾速率也高于受降尘影响的叶片，但二者之间差异不显著（见表4-4）。

表 4-4　　40 年生香梨里叶片的蒸腾速率

单位：mol/（$m^2 \cdot s$）

处理＼生育期	新稍生长期	幼果期	果实膨大期	果实成熟期
不受降尘影响	3.3600 ± 0.6491^{b}	7.4856 ± 1.3860^{a}	3.551 ± 2.8047^{a}	5.9022 ± 1.7810^{a}
受降尘影响	5.5922 ± 1.1015^{a}	2.7244 ± 0.9117^{b}	2.6644 ± 3.4003^{a}	3.7556 ± 3.5641^{a}

注：表中数据为平均值 ± 标准差（n = 9），相同的列中不同的小写字母表示差异达到显著水平（$p < 0.05$）。

第四节　大气降尘对香梨叶片叶绿素含量的影响

叶绿素是植物光合作用捕获光能的重要物质，其含量多少不仅是植物生理特征的重要标志，也是植物光合作用的基础。因此，了解和掌握叶片中叶绿素的变化规律具有重要意义。

一、大气降尘对 10 年生香梨叶片叶绿素含量的影响

对 10 年生香梨叶片分别进行不受降尘影响和受降尘影响的处理，在不同的生育期（新稍生长期、幼果期、果实膨大期、果实成熟期）分别定点测定树体 1.5 m、2.5 m、3.5 m 三个高度处的内部、中部、外部的东、南、西、北四个方位叶片的叶绿素值（SPAD）。其测定结果表明：在各生育期，受降尘影响的叶片 SPAD 均高于不受降尘影响的叶片。其中在幼果期和果实膨大期，受降尘影响的叶片 SPAD 值与不受降尘影响的叶片 SPAD 值之间差异显著（$p < 0.05$）（见表 4-5）。

表 4-5　　　　10 年生香梨叶片 SPAD 值

处理＼生育期	新稍生长期	幼果期	果实膨大期	果实成熟期
不受降尘影响	37.6103 ± 2.6588^{a}	46.0333 ± 2.7714^{b}	46.3250 ± 2.5162^{b}	48.8806 ± 2.3177^{a}
受降尘影响	37.8430 ± 2.9246^{a}	48.4889 ± 2.2291^{a}	48.5583 ± 2.8193^{a}	49.3389 ± 2.5965^{a}

注：表中数据为平均值±标准差（$n=36$），相同的列中不同的小写字母表示差异达到显著水平（$p<0.05$）。

二、大气降尘对 20 年生香梨叶片叶绿素含量的影响

对 20 年生香梨叶片分别进行不受降尘影响和受降尘影响的处理，在不同的生育期（新稍生长期、幼果期、果实膨大期、果实成熟期）分别定点测定树体 1.5 m、2.5 m、3.5 m 三个高度处的内部、中部、外部的东、南、西、北四个方位叶片的 SPAD。其测定结果表明：在各生育期，受降尘影响的叶片 SPAD 均高于不受降尘影响的叶片。其中在幼果期和果实成熟期，受降尘影响的叶片 SPAD 与不受降尘影响的叶片 SPAD 之间差异显著（$p<0.05$）（见表 4-6）。

表 4-6　　　　20 年生香梨叶片 SPAD

处理＼生育期	新稍生长期	幼果期	果实膨大期	果实成熟期
不受降尘影响	39.8823 ± 2.7872^{a}	44.6000 ± 2.7965^{b}	46.5028 ± 1.9458^{a}	46.3611 ± 2.2580^{b}
受降尘影响	40.1032 ± 2.2815^{a}	45.8611 ± 2.1606^{a}	47.2555 ± 2.1042^{a}	47.6611 ± 3.1979^{a}

注：表中数据为平均值±标准差（$n=36$），相同的列中不同的小写字母表示差异达到显著水平（$p<0.05$）。

三、大气降尘对 40 年生香梨叶片叶绿素含量的影响

对 40 年生香梨叶片分别进行不受降尘影响和受降尘影响的

处理，在不同的生育期（新稍生长期、幼果期、果实膨大期、果实成熟期）分别定点测定树体 1.5 m、2.5 m、3.5 m 三个高度处的内部、中部、外部的东、南、西、北四个方位叶片的 SPAD。其测定结果表明：在各生育期，不受降尘影响的叶片 SPAD 均显著高于受降尘影响的叶片（$p<0.05$）（图 4－10）。

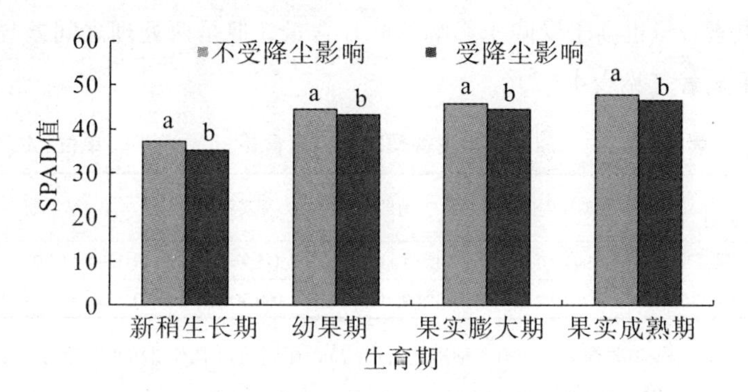

图 4－10　不同处理条件下 40 年香梨叶片叶绿素含量

第五节　大气降尘对香梨叶片氮、磷、钾素的影响

一、大气降尘对不同树龄香梨叶片氮素的影响

1. 大气降尘对 10 年生香梨叶片氮素影响的研究

对 10 年生香梨叶片分别进行不受降尘影响和受降尘影响的处理，在不同的生育期（新稍生长期、幼果期、果实膨大期、果实成熟期）分别取植株 1.5 m、2.5 m、3.5 m 三个高度处的内部、中部、外部的叶片样本进行氮素的测定及分析。结果表明：在新稍生长期，不受降尘影响的叶片氮素含量与受降尘影

响的叶片氮素含量之间差异显著（$p<0.05$），即在此时期，降尘的影响会增加叶片中氮素的含量；在果实成熟期，受降尘影响的叶片氮素含量与不受降尘影响的叶片氮素含量之间差异也显著（$p<0.05$），但是在此时期，降尘的影响会减少叶片中氮的含量；在幼果期和果实膨大期，虽然不受降尘影响的叶片中氮素含量也高于受降尘影响的叶片含量，但是两处理之间差异不显著（见表4－7）。

表4－7　　10年生香梨叶片氮素含量　　单位：%

处理＼生育期	新稍生长期	幼果期	果实膨大期	果实成熟期
不受降尘影响	1.638 1 ±0.057 0 [b]	1.129 4 ±0.135 6 [a]	1.115 9 ±0.121 5 [a]	0.159 8 ±0.023 8 [a]
受降尘影响	1.766 7 ±0.124 1 [a]	1.127 9 ±0.051 8 [a]	1.090 5 ±0.090 8 [a]	0.133 3 ±0.024 1 [b]

注：表中数据为平均值±标准差（n＝9），相同的列中不同的小写字母表示差异达到显著水平（$p<0.05$）。

2．大气降尘对20年生香梨叶片氮素影响的研究

对20年生香梨叶片分别进行不受降尘影响和受降尘影响的处理，在不同的生育期（新稍生长期、幼果期、果实膨大期、果实成熟期）分别取植株1.5 m、2.5 m、3.5 m三个高度处的内部、中部、外部的叶片样本进行氮素的测定及分析。结果表明：在新稍生长期，受降尘影响的叶片氮素含量与不受降尘影响的叶片氮素含量之间差异显著（$p<0.05$），即在此时期，降尘的影响会降低叶片中氮的含量；在果实成熟期，不受降尘影响的叶片氮素的含量与受降尘影响的叶片氮素含量之间差异显著（$p<0.05$），即在此时期，降尘的影响会增加叶片中氮素的含量；在幼果期和果实膨大期，虽然不受降尘影响的叶片中氮素含量高于受降尘影响的叶片含量，但是两处理之间差异不显著（见表4－8）。

表4-8　　20年生香梨叶片氮素含量　　单位:%

处理＼生育期	新稍生长期	幼果期	果实膨大期	果实成熟期
不受降尘影响	1.723 2±0.138 7[a]	1.116 1±0.092 5[a]	1.053 3±0.076 7[a]	0.742 2±0.062 1[b]
受降尘影响	1.555 1±0.096 0[b]	1.079 1±0.044 0[a]	0.981 2±0.101 6[a]	0.855 1±0.135 0[a]

注：表中数据为平均值±标准差（n=9），相同的列中不同的小写字母表示差异达到显著水平（$p<0.05$）。

3. 大气降尘对40年生香梨叶片氮素影响的研究

对40年生香梨叶片分别进行不受降尘影响和受降尘影响的处理，在不同的生育期（新稍生长期、幼果期、果实膨大期、果实成熟期）分别取植株1.5 m、2.5 m、3.5 m三个高度处的内部、中部、外部的叶片样本进行氮素的测定及分析。结果表明：在新稍生长期和果实成熟期，不受降尘影响的叶片氮素含量较高于受降尘影响的叶片氮素含量；在幼果期和果实膨大期，受降尘影响的叶片氮素含量较高于不受降尘影响的叶片含量。但是在各个生育时期，两处理之间差异均不显著（见表4-9）。

表4-9　　40年生香梨叶片氮素含量　　单位:%

处理＼生育期	新稍生长期	幼果期	果实膨大期	果实成熟期
不受降尘影响	1.498 1±0.108 5[a]	1.040 8±0.105 8[a]	1.042 2±0.181 6[a]	0.845 4±0.135 1[a]
受降尘影响	1.433 3±0.082 1[a]	1.067 4±0.164 6[a]	1.095 4±0.297 7[a]	0.809 8±0.056 1[a]

注：表中数据为平均值±标准差（n=9），相同的列中不同的小写字母表示差异达到显著水平（$p<0.05$）。

二、大气降尘对不同树龄香梨叶片磷素的影响

1. 大气降尘对10年生香梨叶片磷素影响的研究

对10年生香梨叶片分别进行不受降尘影响和受降尘影响的

处理，在不同的生育期（新稍生长期、幼果期、果实膨大期、果实成熟期）分别取植株 1.5 m、2.5 m、3.5 m 三个高度处的内部、中部、外部的叶片样本进行磷素的测定及分析。结果表明：在新稍生长期和果实成熟期，不受降尘影响的叶片磷素含量较高于受降尘影响的叶片磷素含量；在幼果期和果实膨大期，受降尘影响的叶片磷素含量较高于不受降尘影响的叶片磷素含量。但是在各个生育时期，两处理之间都没有显著的差异（见表 4-10）。

表 4-10　10 年生香梨叶片磷素含量　单位：%

处理＼生育期	新稍生长期	幼果期	果实膨大期	果实成熟期
不受降尘影响	0.2131 ± 0.0725^{a}	0.0462 ± 0.0147^{a}	0.1329 ± 0.0204^{a}	0.1598 ± 0.0238^{a}
受降尘影响	0.1875 ± 0.0153^{a}	0.0535 ± 0.0095^{a}	0.1345 ± 0.0211^{a}	0.1333 ± 0.0241^{a}

注：表中数据为平均值 ± 标准差（$n=9$），相同的列中不同的小写字母表示差异达到显著水平（$p<0.05$）。

2. 大气降尘对 20 年生香梨叶片磷素影响的研究

对 20 年生香梨叶片分别进行不受降尘影响和受降尘影响的处理，在不同的生育期（新稍生长期、幼果期、果实膨大期、果实成熟期）分别取植株 1.5 m、2.5 m、3.5 m 三个高度处的内部、中部、外部的叶片样本进行磷素的测定及分析。结果表明：在果实膨大期和果实成熟期，不受降尘影响的叶片磷素含量较高于受降尘影响的叶片磷素含量，且两处理之间差异显著（$p<0.05$）；在新稍生长期和幼果期，虽然不受降尘影响的叶片磷素含量也高于受降尘影响的叶片磷素含量，但是两处理之间的差异均不显著（见表 4-11）。

表 4－11　　20 年生香梨叶片磷素含量　　单位：%

生育期 处理	新稍生长期	幼果期	果实膨大期	果实成熟期
不受降尘影响	0. 138 7 ±0. 026 8 [a]	0. 105 5 ±0. 020 4 [a]	0. 142 5 ±0. 023 [a]	0. 132 8 ±0. 026 9 [a]
受降尘影响	0. 119 4 ±0. 015 7 [a]	0. 079 5 ±0. 034 2 [a]	0. 087 6 ±0. 051 [b]	0. 106 4 ±0. 025 5 [b]

注：表中数据为平均值 ± 标准差（n =9），相同的列中不同的小写字母表示差异达到显著水平（p <0. 05）。

3. 大气降尘对 40 年生香梨叶片磷素影响的研究

对 40 年生香梨叶片分别进行不受降尘影响和受降尘影响的处理，在不同的生育期（新稍生长期、幼果期、果实膨大期、果实成熟期）分别取植株 1. 5 m、2. 5 m、3. 5 m 三个高度处的内部、中部、外部的叶片样本进行磷素的测定及分析。结果表明：在新稍生长期和果实成熟期，受降尘影响的叶片磷素含量高于不受降尘影响的叶片磷素含量，且两处理之间差异显著（p <0. 05）；在幼果期，不受降尘影响的叶片磷素含量高于受降尘影响的叶片磷素含量，但是两处理间差异不显著；在果实膨大期，受降尘影响的叶片磷素含量高于不受降尘影响的叶片磷素含量，但是两处理之间的差异也不显著（见表 4－12）。

表 4－12　　40 年生香梨叶片磷素含量　　单位：%

生育期 处理	新稍生长期	幼果期	果实膨大期	果实成熟期
不受降尘影响	0. 122 9 ±0. 022 8 [b]	0. 098 3 ±00 293 [a]	0. 040 3 ±0. 033 0 [a]	0. 086 3 ±0. 022 8 [b]
受降尘影响	0. 183 1 ±0. 053 3 [a]	0. 096 6 ±0. 015 6 [a]	0. 043 7 ±0. 024 6 [a]	0. 126 7 ±0. 011 6 [a]

注：表中数据为平均值 ± 标准差（n =9），相同的列中不同的小写字母表示差异达到显著水平（p <0. 05）。

二、大气降尘对不同树龄香梨叶片钾素的影响

1. 大气降尘对10年生香梨叶片钾素影响的研究

对10年生香梨叶片分别进行不受降尘影响和接受降尘影响的处理，在不同的生育期（新稍生长期、幼果期、果实膨大期、果实成熟期）分别取植株1.5 m、2.5 m、3.5 m三个高度处的内部、中部、外部的叶片样本进行钾素的测定及分析。结果表明：在新稍生长期和幼果期，不受降尘影响的叶片钾素含量高于受降尘影响的叶片钾素含量，其中在新稍生长期，两处理之间差异显著（$p<0.05$）；在果实膨大期和果实成熟期，受降尘影响的叶片钾素含量高于不受降尘影响的叶片钾素含量，但是两处理之间差异不显著（见表4-13）。

表4-13　　10年生香梨叶片钾素含量　　单位:%

处理＼生育期	新稍生长期	幼果期	果实膨大期	果实成熟期
不受降尘影响	1.303 4±0.099 1[a]	1.056 9±0.136 1[a]	1.161 1±0.263 5[a]	1.062 9±0.118 2[a]
受降尘影响	1.139 6±0.045 5[b]	1.048 2±0.075 5[a]	1.169 4±0.152 5[a]	1.161 0±0.152 6[a]

注：表中数据为平均值±标准差（n=9），相同的列中不同的小写字母表示差异达到显著水平（$p<0.05$）。

2. 大气降尘对20年生香梨叶片钾素影响的研究表

对20年生香梨叶片分别进行不受降尘影响和受降尘影响的处理，在不同的生育期（新稍生长期、幼果期、果实膨大期、果实成熟期）分别取植株1.5 m、2.5 m、3.5 m三个高度处的内部、中部、外部的叶片样本进行钾素的测定及分析。结果表明：在新稍生长期、幼果期和果实膨大期，受降尘影响的叶片钾素含量均高于不受降尘影响的叶片钾素含量，其中在幼果期，两处理之间差异显著（$p<0.05$）；在果实成熟期，不受降尘影

响的叶片钾素含量高于受降尘影响的叶片钾素含量，但是两处理之间差异不显著（见表4-14）。

表4-14　　20年生香梨叶片钾素含量　　单位:%

处理＼生育期	新稍生长期	幼果期	果实膨大期	果实成熟期
不受降尘影响	1.086 1 ±0.035 7[a]	1.196 5 ±0.089 5[b]	1.091 0 ±0.176 2[a]	1.361 6 ±0.380 8[a]
受降尘影响	1.099 8 ±0.045 9[a]	1.377 7 ±0.104 4[a]	1.186 2 ±0.141 5[a]	1.303 3 ±0.212 4[a]

注：表中数据为平均值±标准差（n=9），相同的列中不同的小写字母表示差异达到显著水平（$p<0.05$）。

3. 大气降尘对40年生香梨叶片钾素影响的研究

对40年生香梨叶片分别进行不受降尘影响和受降尘影响的处理，在不同的生育期（新稍生长期、幼果期、果实膨大期、果实成熟期）分别取植株1.5 m、2.5 m、3.5 m三个高度处的内部、中部、外部的叶片样本进行钾素的测定及分析。结果表明：在新稍生长期、果实膨大期和果实成熟期，受降尘影响的叶片钾素含量均高于不受降尘影响的叶片钾素含量，其中在新稍生长期和果实成熟期，两处理之间差异显著（$p<0.05$）；在幼果期，不受降尘影响的叶片钾素含量高于受降尘影响的叶片钾素含量，但是两处理之间差异不显著（见表4-15）。

表4-15　　40年生香梨叶片钾素含量　　单位:%

处理＼生育期	新稍生长期	幼果期	果实膨大期	果实成熟期
不受降尘影响	1.177 7 ±0.051[b]	1.362 5 ±0.378 4[a]	1.062 4 ±0.105 5[a]	0.990 0 ±0.131 5[b]
受降尘影响	1.318 7 ±0.112 0[a]	1.344 1 ±0.089 2[a]	1.137 4 ±0.372 6[a]	1.168 1 ±0.066 9[a]

注：表中数据为平均值±标准差（n=9），相同的列中不同的小写字母表示差异达到显著水平（$p<0.05$）。

第六节 小结

一、大气降尘对香梨叶片光合特性的影响

光合作用是绿色植物吸收阳光的能量，同化 CO_2 和 H_2O，制造有机物质并释放氧的过程，光合作用的指标是光合速率，其中净光合速率是衡量植物合成功能的重要生理指标。本课题对不同树龄香梨叶片进行净光合速率分析，结果表明：不同树龄香梨叶片均在不受降尘影响的条件下净光合速率较大。受降尘影响的叶片净光合速率降低是因为叶片气孔被小颗粒的降尘堵塞，使叶温增加和叶表面的 pH 改变。同时，净光合速率越小，表明通过光合作用固定 CO_2 的量越少，从而影响叶片生物量及光合产物向其他组织器官供给的数量和速度。

气孔是植物进行体内外气体交换的重要通道，水蒸气、CO_2、O_2 都要共用气孔这个通道，气孔的开闭会影响植物的光合、呼吸、蒸腾等生理过程。气孔导度表明气体通过气孔传导的能力，其大小能影响光合、蒸腾速率等。本课题的研究表明，受降尘影响的叶片气孔导度减少，这是气孔被降尘堵塞所造成的。

蒸腾作用是水分以气体状态，通过植物体的表面（主要是叶片），从体内散失到体外的过程。蒸腾作用对植物根系吸水、吸收矿物质元素有重要作用，并且能降低叶温。气孔在叶面上所占的面积，一般为叶面积的 1% ~2%，但气孔的蒸腾量却相当于所在叶面积蒸发量的 10% ~50%，甚至达到 100%。杨茂生等的研究表明，随降尘污染程度的加重，黄帝陵侧柏叶的蒸腾

强度表现为下降趋势，并解释为气孔被堵塞，使气孔扩散阻力增大，水汽扩散受阻，从而导致蒸腾速率降低。但 Hirano 的研究结果是受降尘影响的四季豆叶片蒸腾速率增加，其解释是因叶片温度的升高导致蒸腾速率增加。另据陈雄文测定的 22 种植物在短时间内对沙尘的生理生态反应，有些植物的蒸腾速率显著增加，而有些则显著降低。因此，从目前来说，降尘对植物叶片蒸腾速率的影响没一个绝对的结论。在本项目研究中，不同树龄的香梨叶片在新稍生长期，受降尘影响的叶片蒸腾速率增加，其原因可能是叶温升高及香梨叶片对逆境的一种生理适应性；在幼果期、果实膨大期和果实成熟期，受降尘影响的叶片蒸腾速率减少，可能的原因是降尘堵塞了叶片气孔。

二、大气降尘对香梨叶片叶绿素含量的影响

叶绿素是叶绿体的重要组成部分，是植物叶片进行光合作用的主要物质基础，在一定范围内叶绿素含量的高低直接影响叶片的光合作用能力，同时叶绿素含量的高低也是叶片功能持续期长短的重要标志。叶绿素含量下降是叶片衰老的重要指标。国内外一些学者的研究表明，受尘污染的植物或作物的叶绿素含量有不同程度的降低。

本课题对不同树龄香梨叶片的研究表明，40 年生的香梨叶片受降尘影响后各个生育期的叶绿素含量均显著减少，此结论与国内外学者的研究结果相一致；10 年生及 20 年生的香梨叶片受降尘影响后各个生育期的叶绿素含量均增加，但是其原因还需进一步分析及讨论。

三、大气降尘对香梨叶片氮、磷、钾素影响的研究

1. 大气降尘对香梨叶片氮素影响的研究

氮是植物生长发育所必需的营养元素之一。作物体内氮的含量往往因各种作物对氮的选择吸收能力、各生育时期对氮的同化能力以及器官中蛋白质和叶绿素含量的不同而有较大的变化。氮在植物体内具有重要的生理功能，氮是蛋白质、叶绿素、许多酶、维生素和植物激素的组成成分。氮对作物的生命活动，产量的形成和品质的好坏有着极为重要的作用。

本课题的研究说明，在不同的生育期，不同树龄的香梨叶片中氮素含量呈现不同的规律。具体为：

（1）10 年生香梨叶片在新稍生长期和果实成熟期，受降尘影响后叶片内氮素含量降低；在幼果期和果实膨大期，受降尘影响后叶片氮素含量增高。

（2）20 年生香梨叶片在新稍生长期、幼果期和果实膨大期，受降尘影响后叶片氮素降低；在果实成熟期，受降尘的影响后叶片中氮素含量增加。

（3）40 年生香梨叶片在新稍生长期和果实成熟期，受降尘影响后叶片氮素降低；在幼果期和果实膨大期，受降尘的影响后叶片中氮素含量增加。

2. 大气降尘对香梨叶片磷素影响的研究

磷与氮一样，是植物生长发育不可缺少的营养元素之一，它既是构成作物体内重要有机化合物的组成成分，同时又以多种方式参与作物体内的生理过程，对作物生长发育、生理代谢、产量和品质等都起着重要作用。

本课题的研究说明，在不同的生育期，不同树龄的香梨叶片中磷素含量也呈现不同的规律。具体为：

（1）10 年生香梨叶片在新稍生长期和果实成熟期，受降尘

影响后叶片磷素含量下降；在幼果期和果实膨大期，受降尘影响的叶片磷素含量增高。

（2）20 年生香梨叶片在各个生育期，受降尘影响后叶片磷素含量均下降。

（3）40 年生香梨叶片在新稍生长期、果实膨大期、果实成熟期，受降尘影响的叶片磷素含量增加；在幼果期，受降尘影响后叶片磷素含量下降。

3. 大气降尘对香梨叶片钾素影响的研究

钾是植物生长发育所必需的营养元素，钾在植物体内不形成稳定的化合物，而呈离子态存在。它主要是以可溶性无机盐形式存在于细胞液中，或以钾离子形态吸附在原生质的表面。至今尚未在植物体内发现任何含钾的有机化合物。但也有人发现，钾也可呈有机态的钾盐存在。植物体内的钾十分活跃，易流动，且分配速度快，被作物再利用的能力也很强。钾有两个突出的特点，一是能高速通过生物膜，二是它与酶促反应关系密切。钾是许多酶的活化剂。作物体内许多代谢作用受钾营养的影响，它在生化作用中起着电荷载体的作用。

本课题的研究说明，在不同的生育期，不同树龄的香梨叶片中钾素含量也呈现不同的规律。具体为：

（1）10 年生香梨叶片在新稍生长期和幼果期，受降尘影响后的叶片钾素含量降低，在果实膨大期和果实成熟期，受降尘影响后的叶片钾素含量增高。

（2）20 年生香梨叶片在新稍生长期、幼果期和果实膨大期，受降尘影响后的叶片钾素含量增高；在果实成熟期，受降尘影响后的叶片钾素含量降低。

（3）40 年生香梨叶片在新稍生长期、果实膨大期和果实成熟期，受降尘影响后的叶片钾素含量增高；在幼果期，受降尘影响后的叶片钾素含量降低。

第五章　大气降尘对苹果影响的研究

第一节　样品采集及测定方法

一、样地布设

（1）在研究区选择30年的苹果园地作为样地。

（2）选择元帅、富士和金冠三个品种。

（3）在每个品种中选择3株树作为空白树（不受降尘影响），再选3株树作为样树（受降尘影响）。

（4）在同一树体中选择3个不同高度（1.5 m、2.5 m、3.5 m），在同一高度处选择不同的采样部位（内部、中部、外部）进行定点。

（5）按期采集苹果叶片，并现场测定苹果叶片的光合速率、蒸腾速率及叶绿素含量等。

（6）将按期采集的苹果叶片进行了全氮、全磷及全钾的测定。

二、植物样品的测定

测定内容及方法同“第四章　二、植物样品的测定”。

第二节　苹果的特性

苹果是当今世界的重要果树之一，分布广泛，品种繁多，具有很高的经济价值。苹果栽培历史悠久，早在古希腊神话中，就有“金苹果”的传说。新疆栽培苹果属果树的历史至少已有1 000多年。20世纪以前栽培的苹果品种多是从当地的野生苹果中选留的，如绥定冬白果、伊宁红果子、莫洛托圩孜等。除野苹果外，还有吉尔吉斯苹果，如新源的大白果子，伊宁的卡巴克阿尔马、苦莫尔等。此外，还有少量的红肉苹果，如萨尔阿尔马、阿帕阿尔马等，品种较少。新疆是西北苹果的主产区之一，过去主要几种苹果在伊犁地区和南疆，20世纪60年代后逐渐扩大。目前，除准噶尔盆地以北只能生产中、小苹果外，乌鲁木齐附近和塔里木盆地四周也有大苹果生产。70年代后期，新疆曾一度忽视苹果生产的发展，1985年后开始有了新的发展。

本课题对苹果的研究，重点研究3个品种：元帅、金冠和富士。

（1）元帅

元帅别名红元帅、红香蕉。原产地是美国，系偶然实生苗。1957年喀什从辽宁、山东等省引入新疆栽培。20世纪60年代和80年代大量购入苗木和接穗，现为新疆主要的栽培品种之一，主要分布在伊犁、奎屯、焉耆、阿克苏等垦区。元帅树身高大，幼龄期树姿半开张，成龄期开张。果实大，单果平均重200g左右，纵径6.7 cm～7.5 cm，横径为7.5 cm～8.7 cm。在阿克苏一般4月20日前后开花，果实9月上旬成熟。在奎屯5月初开花，果实9月下旬采收，果实稍耐贮藏，采收后1个月内食用品质最好，过后则肉质开始变松、面甚至发褐，品质下降。幼树和初结果树树势强健，大量结果后渐趋缓和，萌芽力和成枝力强，但与树龄、树势和短截轻重关系很大。进入结果期较晚，一般5～7年生开始结果，12～15年生进入盛果期，匍匐栽培能使结果期提前1～2年。

（2）金冠

金冠别名金帅、黄元帅、黄香蕉、黄蕉。原产美国，系偶然实生木。喀什、阿克苏、焉耆、奎屯、伊犁等苹果生产垦区均列为主要品种。金冠幼树树姿直立或半开张，进入盛果期后树姿开张。南疆阿克苏、喀什垦区的金冠，果实圆锥形，纵径7.9 cm，横径7.9 cm，果形指数为1，单果平均重可达210 g，最大者可达400 g，果面少光泽，少粗糙，刚采收时绿黄色，贮后全面金黄色，果实风味甜，少酸，芳香浓郁。南疆地区一般4月20日左右开花，果实9月下旬采收。幼树和初结果树树势强盛，萌芽力和成枝力均强，生长量大，进入盛果期后，树势有所减弱，生长量逐渐减小。开始结果年龄和进入盛果期年龄早，直立栽培4～5年生开始结果，10年生左右进入盛果期，匍匐栽培还可提前1～2年。

（3）富士

富士原产日本，在阿克苏、喀什、和田、塔里木、焉耆等垦区栽培较多。果实大，单果平均重210 g，果实扁圆形或斜形，纵径7.1 cm，横径8.6 cm。果肉黄白色，肉质细、脆、硬，果汁多，味酸甜适中，少有元帅香味。耐贮力强，一般可贮到第二年5～6月，经贮藏后肉质不变，风味尤佳。在南疆阿克苏垦区，花芽4月上旬萌动，4月中下旬开花，果实8月下旬开始着色，10月中下旬采收，果实生育期为160～180天。树势强健，树冠大。萌芽力和成枝力较强，进入结果期晚，一般栽培后5～6年开始结果，初结果期树主要以中、长果枝结果，盛果期树则以短果枝结果为主。花序座果率高，连续结果能力中等，丰产，但有大小年结果现象。富士具有丰产、优质、耐贮等突出的优点，但也存在树冠大、结果晚、在南疆早春抽条重、果形不正、大小不整齐等不可忽视的缺点。

一、苹果对自然条件的要求

1. 光照

苹果为原产日照强烈的内陆地区的喜光果树，国内外主产区年日照时数多在2 000 h以下，果实生长发育期、着色和成熟期的月平均日照时数，多在150 h～200 h左右。光照适宜的条件下，花芽分化率、座果率和单果重会增加，其着色和品质也会提高。

2. 温度

苹果的各种生理活动、生化反应以及生长发育等，都必须在一定的温度条件下才能进行，否则，其正常的生长发育就会受到抑制，甚至死亡。苹果的生命活动和生长发育所需要的温度，就其生理过程而言，都有相应的最低、最适和最高三个基点温度。一般认为，苹果的最低温度为5℃左右，最适温度为13℃～25℃，最高温度为40℃左右，并因品种、器官、年龄、生育期、生理过程和温度变化，以及其他生态因子状况的不同而有变动。

3. 水分

水是苹果与环境相互适应统一的媒介，是苹果树体内含量最多的物质。苹果在生长期内降水不足500 mm的区域，应进行灌溉补充。新疆等地的果实生育期也干燥少雨，空气湿度小。在一定程度上可以说，干燥、少雨加灌溉，是优质苹果的水分条件。

4. 土壤

苹果对土壤的适应性较强，在多种土壤上都有栽培分布。但从苹果的自身需要和优质高产的要求看，以土体深厚、构型良好、“三相”比适当、养分丰富、微酸至微碱性为适宜。如果土层少于70 cm，必须通过深耕扩穴，使土层达0.8 cm以上。土壤水分既是苹果所需水分的最主要来源，又是土壤中许多物理化学和生物学过程的必需条件，土壤中的水分与空气相辅相成，水气变化又直接影响土壤热量、土壤生物和微生物状况，影响果园气温和相对湿度等的变化。一般苹果园以保持田间持水量的60%～80%为适宜，土壤干旱时，则根系分叉多且粗短。但土壤含水量低于田间持水量的20%时，根系生长停止，地上部分严重受害。土壤中氧是根系和土壤微生物生命活动的必需条件，一般苹果根系正常生长的土壤氧浓度需在10%以上，以接近大气氧浓度（20.96%）为最佳，15%以上才能大量发生新根，5%以下生长受抑制或停止。苹果根系耐盐性不强，土壤含盐量0.13%时还能正常生长，高于0.25%时，地上、地下部分都受害严重。

二、苹果树的矿质营养

苹果树各器官的矿质元素均以叶部最高，其次是结果枝和果实，而以根中养分含量最低。然而，各器官中的养分含量不是一成不变的，它随着生长季节的不同而发生动态变化。在早春，叶片中氮、磷、钾含量最高，随着物候期进展而逐渐减少，至果实膨大期，叶片各种养分最少；晚秋以后，各种养分含量又有所回升。枝条中养分含量，尤其是氮的含量，以萌芽期、开花期为最多，随生长期推进而逐渐减少。7 月以后含量最少，但至落叶期，枝条中氮、钾含量又再度增加，而磷的含量变化不大。同时，果实内养分含量也是变化的。一般幼果养分含量高，成熟时体内碳水化合物比重大，因而主要矿质养分含量下降。

三、矿质营养与苹果产量及品质的影响

1. 氮素

苹果植株在年周期内对氮的吸收可分为三个时期。第一个时期为萌芽至新稍迅速生长期，为大量需氮期，所需氮素主要依靠前一年的贮藏养分；第二个时期是从新稍旺长至果实采收前，吸氮速率变小而平稳，属于氮素营养稳定期，各种形态的氮素均处于较低的水平；第三个时期是从采收前开始至养分回流，为根系再次生长和氮素养分贮备期。

氮与苹果的营养生长关系密切，氮素充足时枝繁叶茂，树势健壮。缺氮时蛋白质的形成受阻，新生组织形成滞缓，质量少，新稍长势弱，叶片变小，叶色变淡，甚至脱落。氮能提高果枝活力，促进花芽分化和提高座果率，使果实增大，产量提高。但氮素水平过高，对产量和果实的品质、风味均有不利影响。

2. 磷素

苹果根系对土壤中磷的利用能力相当强，既能吸收水溶性磷，也能吸收构溶性磷甚至难溶性磷。吸收到苹果体内的磷可

以全方位移动运转，既能从老叶移向新叶，也可以从幼叶运向老叶，既可向上移动，也可以向下迁移。

磷能促进 CO_2 的还原、固定，有利于碳水化合物的合成，并以磷酸化方式促进糖分运转，不仅能提高产量、含糖量，也能改善果实的色泽。磷素营养水平高时，就能有较充分的糖分供应根系，促进根系生长，提高吸收根的比例，因而，改善整个植株从土壤中摄取养分的能力。磷素充足能使果树及时通过枝条生长阶段，使花芽分化阶段来临时，新稍能及时停止生长，促进花芽分化，提高座果率。此外，磷能增强树体抗逆性，减轻枝干腐烂病和果实水心病。

3. 钾素

在苹果体内钾主要以离子态存在，约占总量的80%。此外还有20%左右的胶体吸附态钾和1%左右线粒体—K复合体。钾在根叶幼嫩部位和木质部、韧皮部的汁液中含量较高，这对提高上述部位的渗透势，提高根压，促进水分的吸收和保持很有意义。苹果需钾量大，增施钾肥能促进果实肥大，增加果实单个重，而且高钾处理含糖量高，色泽比较好。

第三节　大气降尘对苹果叶片光合特性的影响

一、大气降尘对苹果叶片净光合速率的影响

果树叶片净光合速率的变化是叶片光合能力与环境条件变化综合作用的结果。本文对金冠、富士及元帅三个品种的苹果叶片分别进行不受降尘影响和受降尘影响的处理，并且定株测定树体1.5 m、2.5 m、3.5 m三个高度处的内部、中部、外部叶

片的净光合速率。结果表明：金冠和富士苹果在不受降尘影响下的叶片净光合速率显著高于受降尘影响的叶片（$p < 0.05$），虽然元帅苹果在不受降尘影响下的净光合速率也高于受降尘影响下的叶片，但是两处理之间差异不显著（见图5－1）。

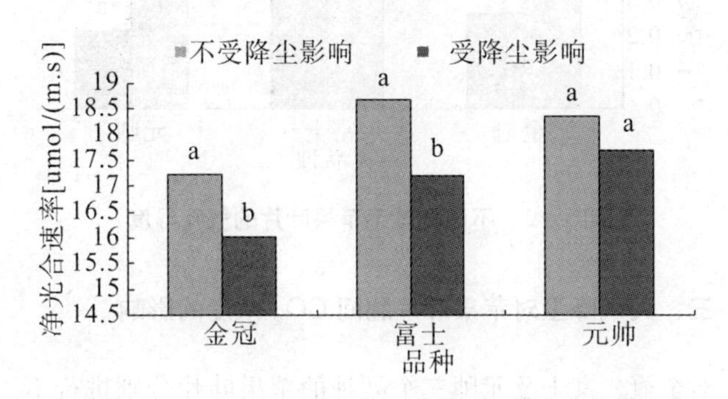

图5－1　不同处理下苹果叶片的净光合速率

二、大气降尘对苹果叶片气孔导度的影响

对金冠、富士及元帅三个品种的苹果叶片分别进行不受降尘影响和受降尘影响的处理，并且定株测定树体1.5 m、2.5 m、3.5 m三个高度处的内部、中部、外部叶片的气孔导度。结果表明：金冠和富士苹果在不受降尘影响下的叶片气孔导度显著高于受降尘影响的叶片（$p < 0.05$），虽然元帅苹果在不受降尘影响下的气孔导度也高于受降尘影响下的叶片，但是两处理之间差异不显著（见图5－2）。

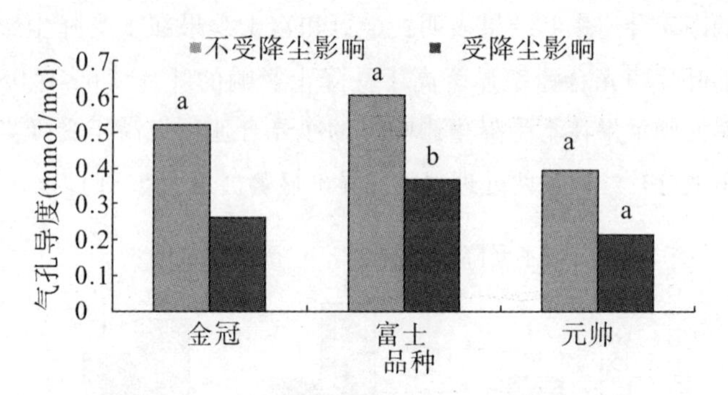

图 5-2 不同处理下苹果叶片的气孔导度

三、大气降尘对苹果叶片胞间 CO_2 浓度的影响

对金冠、富士及元帅三个品种的苹果叶片分别进行不受降尘影响和受降尘影响的处理，并且定株测定树体 1.5 m、2.5 m、3.5 m 三个高度处的内部、中部、外部叶片的胞间 CO_2 浓度。结果表明：三个品种的苹果叶片在不受降尘影响下的叶片胞间 CO_2 浓度显著高于受降尘影响的叶片（$p<0.05$）（见图 5-3）。

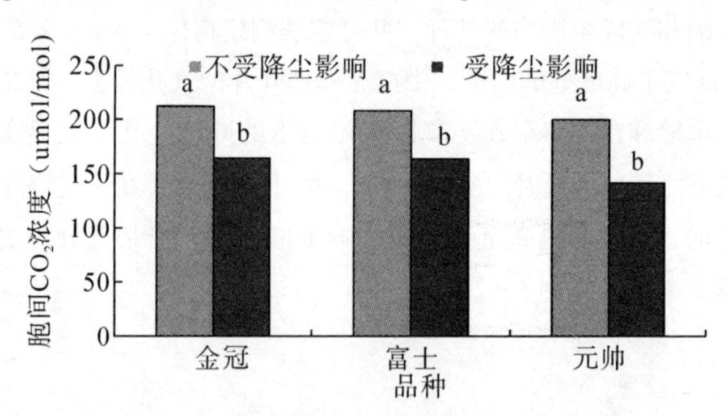

图 5-3 不同处理下苹果叶片胞间 CO_2 浓度

四、大气降尘对苹果叶片蒸腾速率的影响

对金冠、富士及元帅三个品种的苹果叶片分别进行不受降尘影响和受降尘影响的处理，并且定株测定树体 1.5 m、2.5 m、3.5 m 三个高度处的内部、中部、外部叶片的蒸腾速率。结果表明：金冠、富士和元帅苹果三个品种在不受降尘影响下的叶片蒸腾速率均高于受降尘影响的叶片，但是两处理之间差异均不显著（见表5－1）。

表5－1　　不同品种苹果叶片蒸腾速率

单位：mol/（m^2 · s）

处理＼品种	金冠	富士	元帅
不受降尘影响	3.4889 ± 2.2731^{a}	3.3522 ± 1.5996^{a}	3.3289 ± 1.8813^{a}
受降尘影响	2.6244 ± 1.9097^{a}	2.0033 ± 1.1819^{a}	2.4967 ± 1.8613^{a}

注：表中数据为平均值 ± 标准差（n = 9），相同的列中不同的小写字母表示差异达到显著水平（$p < 0.05$）。

第四节　大气降尘对苹果叶片叶绿素含量的影响

一、大气降尘对金冠苹果叶片叶绿素含量影响的研究

对金冠苹果叶片分别进行不受降尘影响和受降尘影响的处理，并且定株测定树体 1.5 m、2.5 m、3.5 m 三个高度处的内部、中部、外部叶片的叶绿素含量。结果表明：在树体各个高

度处，不受降尘影响的叶片叶绿素含量均高于受降尘影响的叶片，但是只有在树体 2.5 m 高度处，两处理之间的差异达显著水平（$p<0.05$）（见图 5－4）。

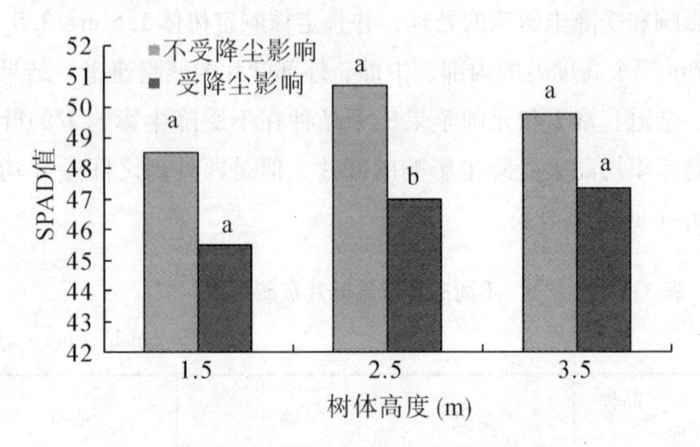

图 5－4　不同处理下金冠苹果叶片叶绿素含量

二、大气降尘对元帅苹果叶片叶绿素含量影响的研究

对元帅苹果叶片分别进行不受降尘影响和接受降尘影响的处理，并且定株测定树体 1.5 m、2.5 m、3.5 m 三个高度处的内部、中部、外部叶片的叶绿素含量。结果表明：在树体各个高度处，不受降尘影响的叶片叶绿素含量均高于受降尘影响的叶片，但是只有在树体 3.5 m 高度处，两处理之间的差异达显著水平（$p<0.05$）（见图 5－5）。

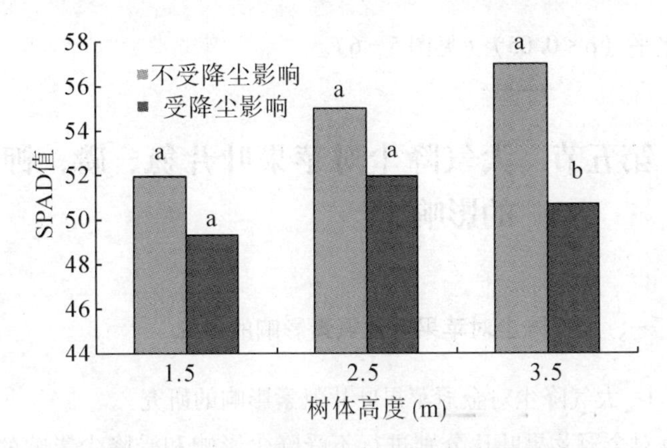

图5-5　不同处理下元帅苹果叶片叶绿素含量

三、大气降尘对富士苹果叶片叶绿素含量影响的研究

对富士苹果叶片分别进行不受降尘影响和受降尘影响的两个处理，并且定株测定树体1.5 m、2.5 m、3.5 m三个高度处的内部、中部、外部叶片的叶绿素含量。结果表明：在树体各个高度处，不受降尘影响的叶片叶绿素含量均高于受降尘影响的叶片，但是只有在树体2.5 m高度处，两处理之间的差异达显

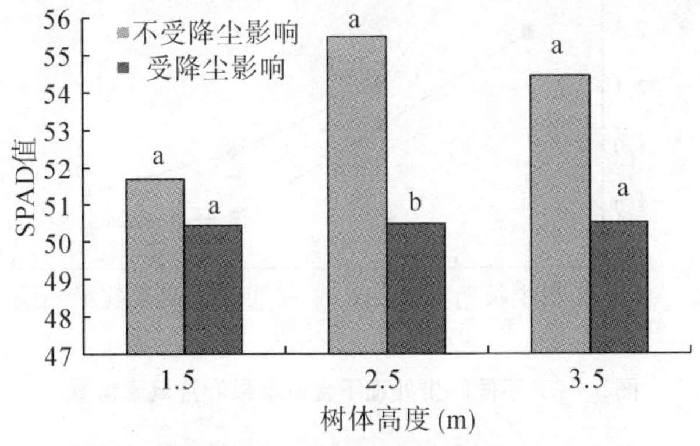

图5-6　不同处理下富士苹果叶片叶绿素含量

著水平（$p<0.05$）（见图5－6）。

第五节　大气降尘对苹果叶片氮、磷、钾素的影响

一、大气降尘对苹果叶片氮素影响的研究

1. 大气降尘对金冠苹果叶片氮素影响的研究

对金冠苹果叶片分别进行不受降尘影响和受降尘影响的两个处理，结果表明：从新稍生长期→幼果期→果实膨大期→果实成熟期，叶片中的氮素含量在两个处理条件下均呈递减趋势（见图5－7）。并且在各个生育期不受降尘影响的叶片中氮素含量均高于受降尘影响的叶片，但是只有在新稍生长期，两处理之间差异达到显著水平（$P<0.05$）（见表5－2）。

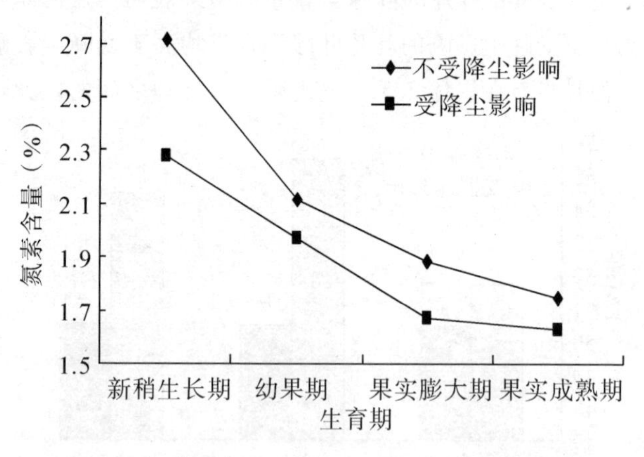

图5－7　不同降尘处理下金冠苹果叶片氮素含量

表5－2　不同处理下金冠苹果叶片氮素差异显著水平

	处理	均值	5%显著水平		处理	均值	5%显著水平
新稍生长期	不受降尘影响	2.717 8	a	果实膨大期	不受降尘影响	1.881 8	a
	受降尘影响	2.279 3	b		受降尘影响	1.670 8	a
幼果期	不受降尘影响	2.119 4	a	果实成熟期	不受降尘影响	1.745 5	a
	受降尘影响	1.967 1	a		受降尘影响	1.626 8	a

注：n=9。

2. 大气降尘对元帅苹果叶片氮素影响的研究

对元帅苹果叶片分别进行不受降尘影响和受降尘影响的两个处理，结果表明：从新稍生长期→幼果期→果实膨大期→果实成熟期，叶片中的氮素含量在两个处理条件下均呈递减趋势（见图5－8）。并且在各个生育期受降尘影响的叶片中氮素含量均高于不受降尘影响的叶片，但是两处理间差异不显著（见表5－3）。

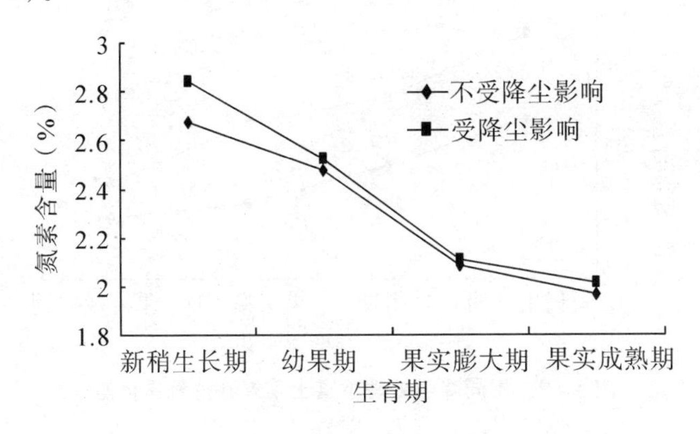

图5－8　不同降尘处理下元帅苹果叶片氮素含量

表 5-3　不同处理下元帅苹果叶片氮素差异显著水平

	处理	均值	5%显著水平		处理	均值	5%显著水平
新稍生长期	不受降尘影响	2.674 4	a	果实膨大期	不受降尘影响	2.082 9	a
	受降尘影响	2.373	a		受降尘影响	2.113 5	a
幼果期	不受降尘影响	2.471 8	a	果实成熟期	不受降尘影响	1.966 6	a
	受降尘影响	2.526 5	a		受降尘影响	2.016 6	a

注：n=9。

3. 大气降尘对富士苹果叶片氮素影响的研究

对富士苹果叶片分别进行不受降尘影响和受降尘影响的两个处理。结果表明：从新稍生长期→幼果期→果实膨大期→果实成熟期，叶片中的氮素含量在两个处理条件下均呈递减趋势（见图5-9）。并且在各个生育期受降尘影响的叶片中氮素含量均显著高于不受降尘影响的叶片（$P<0.05$）（见表5-4）。

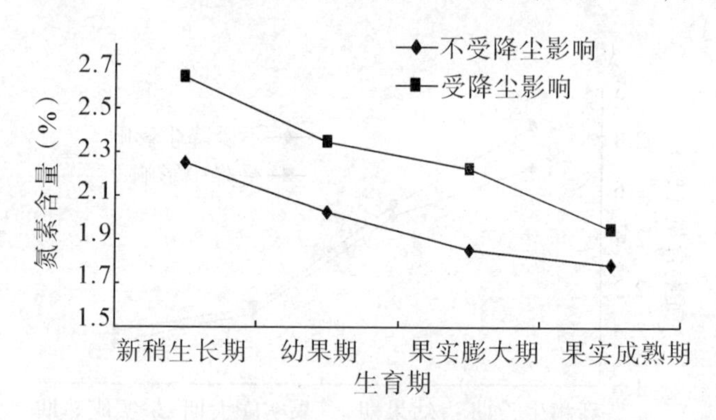

图 5-9　不同降尘处理下富士苹果叶片氮素含量

表 5-4　不同处理下富士苹果叶片氮素差异显著水平

	处理	均值	5%显著水平		处理	均值	5%显著水平
新稍生长期	不受降尘影响	2.259 2	a	果实膨大期	不受降尘影响	1.857 4	a
	受降尘影响	2.645 6	b		受降尘影响	2.224 5	b
幼果期	不受降尘影响	2.026 4	a	果实成熟期	不受降尘影响	1.783 4	a
	受降尘影响	2.354 9	b		受降尘影响	1.951 0	b

注：n=9。

二、大气降尘对苹果叶片磷素影响的研究

1. 大气降尘对金冠苹果叶片磷素影响

对金冠苹果叶片分别进行不受降尘影响和受降尘影响的处理，结果表明，在各个生育期，受降尘影响的叶片磷素含量均显著高于不受降尘影响的叶片（P<0.05）（见图 5-10）。

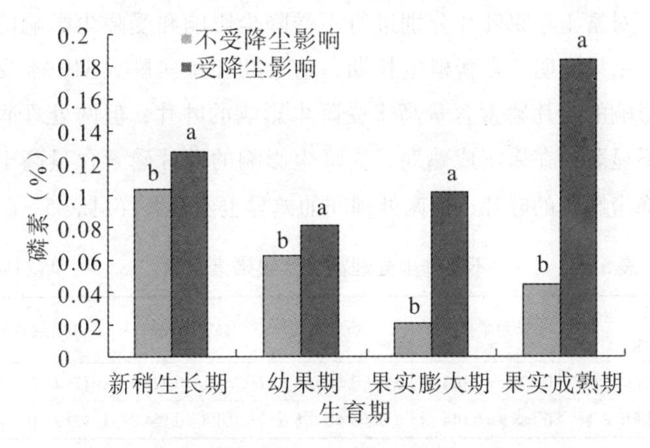

图 5-10　不同降尘处理下金冠苹果叶片磷素含量

2．大气降尘对元帅苹果叶片磷素的影响

对元帅苹果叶片分别进行不受降尘影响和受降尘影响的处理，结果表明：在新稍生长期和幼果期，不受降尘影响的叶片磷素含量高于受降尘影响的叶片，但两处理间差异不显著；在果实膨大期和果实成熟期，受降尘影响的叶片磷素含量高于不受降尘影响的叶片，但两处理间的差异也不显著（见表5－5）。

表5－5　不同降尘处理元帅苹果磷素含量　单位：%

处理＼生育期	新稍生长期	幼果期	果实膨大期	果实成熟期
不受降尘影响	0.154 8 ±0.030 4 ^{a}	0.181 4 ±0.212 4 ^{a}	0.045 8 ±0.026 3 ^{a}	0.057 8 ±0.037 3 ^{a}
受降尘影响	0.142 8 ±0.045 2 ^{a}	0.083 4 ±0.032 0 ^{a}	0.049 0 ±0.025 0 ^{a}	0.072 9 ±0.027 3 ^{a}

注：表中数据为平均值±标准差（n＝9），相同的列中不同的小写字母表示差异达到显著水平（$p<0.05$）。

3．大气降尘对富士苹果叶片磷素的影响

对富士苹果叶片分别进行不受降尘影响和受降尘影响的处理，结果表明：在新稍生长期、幼果期和果实膨大期，不受降尘影响的叶片磷素含量高于受降尘影响的叶片，但两处理间差异不显著；在果实成熟期，受降尘影响的叶片磷素含量高于不受降尘影响的叶片，但两处理间的差异也不显著（见表5－6）。

表5－6　不同降尘处理富士苹果磷素含量　单位：%

处理＼生育期	新稍生长期	幼果期	果实膨大期	果实成熟期
不受降尘影响	0.099 1 ±0.024 0 ^{a}	0.071 3 ±0.028 9 ^{a}	0.091 8 ±0.120 0 ^{a}	0.153 4 ±0.045 8 ^{a}
受降尘影响	0.088 9 ±0.014 7 ^{a}	0.054 5 ±0.028 6 ^{a}	0.071 1 ±0.054 8 ^{a}	0.179 2 ±0.024 9 ^{a}

注：表中数据为平均值±标准差（n＝9），相同的列中不同的小写字母表示差异达到显著水平（$p<0.05$）。

三、大气降尘对苹果叶片钾素影响的研究

1. 大气降尘对金冠苹果叶片钾素的影响

对金冠苹果叶片分别进行不受降尘影响和受降尘影响的处理，结果表明：在各个生育期，受降尘影响的叶片钾素含量均高于不受降尘影响的叶片，但只有在果实成熟期，两处理间的差异性才达到显著水平（P<0.05）（见图5-11）。

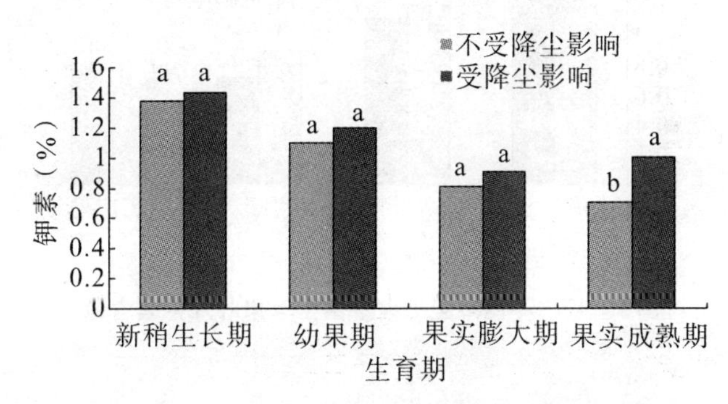

图5-11　不同降尘处理下金冠苹果叶片钾素含量

2. 大气降尘对元帅苹果叶片钾素的影响

对元帅苹果叶片分别进行不受降尘影响和受降尘影响的处理，结果表明：在各个生育期，不受降尘影响的叶片钾素含量高于受降尘影响的叶片，但在各个生育期，两处理间差异均不显著（见表5-7）。

表5-7　不同降尘处理元帅苹果钾素含量　单位:%

处理＼生育期	新稍生长期	幼果期	果实膨大期	果实成熟期
不受降尘影响	1.366 7±0.304 9 a	1.042 4±0.256 9 a	0.773 6±0.226 0 a	0.837 7±0.178 5 a
受降尘影响	1.361 5±0.247 3 a	1.006 2±0.201 4 a	0.705 2±0.118 1 a	0.740 6±0.108 2 a

注：表中数据为平均值±标准差（n=9），相同的列中不同的小写字母表示差异达到显著水平（p<0.05）。

3．大气降尘对富士苹果叶片钾素的影响

对富士苹果叶片分别进行不受降尘影响和受降尘影响的处理，结果表明：在各个生育期，不受降尘影响的叶片钾素含量高于受降尘影响的叶片，但只有在果实膨大期，两处理间差异才达到显著水平（见图5－12）。

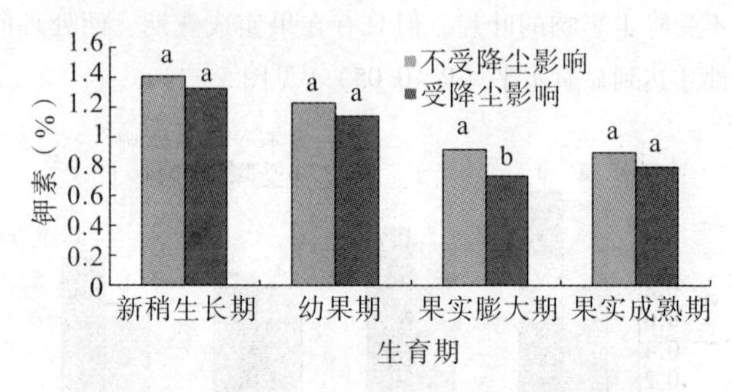

图5－12　不同降尘处理下富士苹果叶片钾素含量

第六节　小结

一、大气降尘对苹果光合特性的影响

本文对三个品种（金冠、富士、元帅）苹果叶片分别进行了受降尘影响和不受降尘影响的处理。结果表明，受降尘影响叶片的气孔导度、胞间 CO_2 浓度、净光合速率及蒸腾速率均低于不受降尘影响的叶片。这是因为降尘堵塞了气孔，造成气孔导度下降；在植物体中参加反应的 CO_2 从叶片气孔进入叶肉组织，经过细胞间隙到达叶肉组织。气孔导度降低，使 CO_2 供应受阻，从而使胞间 CO_2 浓度降低；气孔被堵塞后，气孔的传导能力下降，叶温升高，水汽扩散能力受阻，从而导致净光合速

率和蒸腾速率的下降。

二、大气降尘对苹果叶绿素含量的影响

本文对三个品种（金冠、富士、元帅）苹果叶片分别进行受降尘影响和不受降尘影响的处理，并且定株测定树体 1.5 m、2.5 m、3.5 m 三个高度处叶片的叶绿素含量。结果表明，降尘的影响降低了各品种苹果叶片的叶绿素含量，此结论与国内外学者的研究结果相一致。

三、大气降尘对苹果叶片氮、磷、钾素影响的研究

1. 大气降尘对苹果叶片氮素影响的研究

本文对降尘苹果叶片氮素影响进行研究，结果说明，新稍生长期→幼果期→果实膨大期→果实成熟期，叶片中的氮素含量逐渐下降。这是因为氮在作物体内具有移动性，它在作物体内的分布随作物不同生育期及体内碳、氮代谢而有规律地变化。在作物生育期中，约有 70% 的氮可以从较老的叶片转移到正在生长的幼嫩器官而被利用；到成熟期，叶片和其他器官中的蛋白质则水解为氨基酸，酰胺转移到贮藏器官，如种子、果实、块根、块茎等，重新形成蛋白质。

另外，本文通过降尘对三个品种（金冠、富士、元帅）苹果叶片氮素影响的研究表明，降尘能增加元帅和富士苹果叶片的氮素含量，会减少金冠苹果叶片中的氮素含量。

2. 大气降尘对苹果叶片磷素影响的研究

本研究表明，不同品种的苹果叶片磷素含量受降尘影响后呈现不同的规律：

（1）降尘能显著增加金冠苹果的磷素含量。

（2）元帅苹果叶片在新稍生长期和幼果期，降尘的影响会

降低叶片中磷素的含量，而在果实膨大期和果实成熟期，受降尘影响的叶片中的磷素含量会增高。

（3）富士苹果在新稍生长期、幼果期和果实膨大期，降尘的影响会降低叶片中磷素的含量，而在果实成熟期，受降尘影响的叶片中的磷素含量会增高。

3. 大气降尘对苹果叶片钾素影响的研究

本研究表明，不同品种的苹果叶片钾素含量受降尘影响后也呈现不同的规律。受降尘影响后富士和元帅苹果叶片中钾素含量会减少；而对于金冠苹果，降尘的影响会增加其叶片中的钾素含量。

大气降尘对不同品种苹果叶片氮、磷、钾素含量进行的综合分析表明：降尘对叶片氮素的影响规律与钾素正好相反，而降尘对叶片钾素的影响规律与对叶片磷素的影响规律基本一致。由此说明，当降尘增加叶片中氮素含量时，必然会降低叶片中磷、钾的含量。

第六章　大气降尘对棉花影响的研究

第一节　样品采集及测定方法

一、样地布设

1. 棉花品种：1681。

2. 样地设置

(1) 在所选的棉花样地中选择受降尘影响及不受降尘影响的样区各3个。

(2) 按棉花的生育期定期在不同样区测定其生物量、叶绿素含量、光合速率和蒸腾速率等，并采集不同样区的棉花叶片作为样品。

(3) 将采集的棉花叶片样品进行全氮、全磷及全钾的测定。

二、植物生物学指标测定

1. 植物株高的测定

可用生理株高和自然株高两种方法表示。

（1）生理株高

生理株高就是作物被拉直后，从地面或子叶节到作物体最高点的垂直高度。这里所指的作物体最高点，可能是叶片的尖端，也可能是植株的顶端。生理株高表示作物植株的纵向生长量。

（2）自然株高

自然株高表示作物的群体高度，即生长状态的群体植株，从地面到冠层顶部表面的高度。

2. 植物缺素症状的观察

（1）缺氮症状

氮是植物蛋白质的主要组成成分，是生命的基础。氮又是叶绿素不可缺少的组成部分。缺氮，植株生长矮小，瘦弱，直立，分蘖分枝都少，叶色淡绿，一般不出现斑点。较老的叶片、叶柄、茎秆呈淡黄或橙黄色，有时呈红色或暗紫红色，叶片易脱落，花少，籽实（果实）少而小，提早成熟。

（2）缺磷症状

磷是植物细胞原生质的重要组成成分，对植物体内的物质合成、转化与转移都起着重要的作用。缺磷时，除生长矮小、瘦弱、直立外，还表现分蘖、分枝少，叶色暗绿缺乏光泽，下部老叶或茎秆呈紫红色，开花结果少，且延迟成熟，产量低，质量差。磷素过量，可能加重或引起锌的缺乏。

（3）缺钾症状

钾在植物体内是一种生理活动很强的元素，含量也较高，主要集中在不幼嫩的生命活动旺盛的组织和器官。缺钾时，植株叶片暗绿紫兰，缺少光泽，随着缺钾的加重，老叶的尖端和边缘开始失绿，发黄焦枯，以及脉间失绿并出现褐斑，叶缘弯曲或皱缩，禾本科作物缺钾，茎叶柔软，易倒伏和受病虫害的危害，早衰，根茎生长不良，色泽黄褐，早衰坏死。

(4) 缺钙症状

钙是细胞壁的重要组成部分，故钙有加固细胞壁的作用，从而增加植株的坚硬性。缺钙植株软弱无力，呈凋萎状。症状通常先在新生叶、生长点和叶尖上出现。新生叶严重受害，叶尖与叶尖粘连而弯曲，叶缘向里或向前卷曲，并破损呈锯齿状，严重时，生长点坏死，老叶尖端焦枯，有时出现焦斑，根系发育很差，根尖坏死发褐，分泌胶状物。

(5) 缺镁症状

镁是叶绿素的重要组成成分。缺镁出现叶色褪淡，脉间失绿，但叶脉仍呈现清晰的绿色。症状先在中下部老叶上出现，并逐步向上发展。禾本科的叶片开始往往在叶脉上间断地出现串珠状的绿色斑点，阔叶作物如棉花、油菜除脉间失绿外，还会出现紫红色的斑块。钙、钾养分过量时，会控制对镁的吸收，将加重镁的缺乏。

(6) 缺硫症状

硫是蛋白质、氮基酸和维生素等的组成元素，与作物体内的氧化还原、生长调节等生理作用有关，同时，硫还与叶绿素形成有关，故缺硫时植株呈现淡绿色，幼嫩叶片失绿发黄更为明显，有些作物的下部叶缘出现紫红色斑块，开花和成熟期推迟，结实少。

(7) 缺硅症状

硅素对水稻、甜菜等作物有一定的作用，硅素可以增加水稻的硅质化，增加茎叶的硬度，防止倒伏，抵抗病虫的侵害，当水稻硅素不足时，水稻茎叶软弱下披，不挺直易感染病害。

(8) 缺铁症状

铁虽然不是叶绿素的成分，但它直接或间接地参与叶绿素的生物合成，因此缺铁时易出现失绿症状，同时铁在植物体内较难移动，因此失绿症状首先在幼嫩叶片中出现，开始时，叶脉间失绿，如症状进一步发展，叶脉也随之失绿而整个叶片黄化。植株上呈现均一的黄色，严重缺铁时，叶色黄白或出现褐色斑点，铁素过量时，则植株中毒，叶尖及边缘发黄焦枯，并出现褐斑。

(9) 缺硼症状

硼对植物的生殖过程有很大的影响，能加速花粉的分化和花粉管的伸长。硼素缺乏时，开花结实不正常，蕾、花易脱落，花期延长。硼还能加速体内糖类物质的转化和运输，提高根和茎中淀粉和糖分的含量。硼与细胞壁中果胶物质的形成有关，故无硼时，细胞壁较软弱，茎和叶柄易破裂，硼在植物体内很难移动，因此，缺硼症状首先是新生组织生长受阻，如根尖、茎尖生长受阻或停滞，严重时生长点矮缩或坏死，叶片皱缩，根茎短，茎萎缩呈褐色心腐或空心。硼素过重时，易引起毒害，叶尖及边缘发黄焦枯，叶片上出现棕色坏死组织。

(10) 缺锰症状

锰和铁一样，参与体内氧化还原过程，并能促进硝态氮的还原，对含氮化合物的合成有一定的作用。锰还对叶绿素的形成有良好作用。因此，缺锰时，幼嫩叶片上脉间失绿发黄，呈现清晰的脉纹，植株中部老叶呈现褐色小斑点，散布于整个叶片，叶片柔软下披，根系细而弱。但锰素过多也会使植物产生失绿现象，叶缘及叶尖发黄焦枯，并带有褐色坏死斑点。

(11) 缺锌症状

锌影响到体内生长素的合成，所以植物缺锌时，生长受到抑制，植株矮小，叶子的分化受阻，而且畸形生长，很多植物幼苗缺锌时，会发生“小叶病”，有时呈簇生状。叶片脉间失绿黄化，有褐色斑点，并逐渐扩大成棕褐色的坏死斑点，玉米缺锌会发生白芽病。生育迟，锌过量易中毒，新生叶失绿发黄，发皱卷曲。

（12）缺铜症状

多数植物顶端生长停止和顶枯。在新开垦的土地上种植禾本科作物，常常出现开垦病，表现为叶片顶端失绿、干枯和叶尖卷曲，分蘖很多但不抽穗或抽穗很少，不能形成饱满籽粒。

（13）缺钼症状

钼对植物体内的氮素代谢和蛋白质的合成都有很大的影响，所以缺钼植株叶色淡，发黄。严重时，叶片出现斑点，边缘焦枯卷曲，叶片畸形，生长不规则，同样钼对生物固氮作用也是必需的，因为固氮酶就包含有钼铁蛋白成分，所以自生固氮菌和根瘤菌缺钼时便失去固氮能力；如缺钼的大豆根系，几乎没有根瘤生长。钼过剩易引起中毒。

3. 植物干物质和水分测定——常压恒温干燥法

将植物的根、茎、叶分离，洗净并剪碎，测定各器官的干物质及水分含量。

（1）方法原理

将准备好的样品在常压下于105℃恒温干燥箱中烘干一定时间。烘干前后的质量差即为水分量，这是一种间接测定水分的方法。

（2）主要仪器及设备

天平、铝盒、剪刀、恒温干燥箱。

（3）操作步骤

在105℃下烘烤铝盒（2 小时）至质量恒定，称铝盒重（m_0）。称样品 2.000 g ~ 5.000 g 于铝盒中，称试样与铝盒重（m_1）。将装有试样的铝盒放入烘箱，在105℃下烘 6 ~ 8 小时，取出，在干燥器中冷却至室温后称重（m_2）。

（4）结果计算

$$水分（\%）=\frac{m_1-m_2}{m_1-m_0}\times 100$$

$$干物质（\%）=\frac{m_2-m_0}{m_1-m_0}\times 100$$

式中：m_0——空铝盒重，g。

m_1——铝盒与新鲜样品总重，g。

m_2——铝盒与烘干样品总重，g。

4. 植物体内叶绿素含量测定

利用 SPAD502 叶绿素速测仪进行测定，以 SPAD 值来代替叶绿素含量的相对值。

5. 植物光合速率及蒸腾速率等光合性状指标的测定

利用 Li－6400 光合测定仪进行测定。

6. 植物全氮、全磷、全钾的测定

测定方法同“第四章　第一节”中内容。

第二节　棉花的特性

棉花是世界性的重要经济作物，世界纺织工业年耗原棉约占纺织原料的60%，占国际市场纤维类消费量的一半以上。棉籽油是很好的优质食用油，占世界植物油的10%左右。棉仁含蛋白质30%～35%，是蛋白质的重要来源，低酚棉棉仁粉可作高级食品添加剂。棉秆粉碎后可作为牲畜粗饲料和工业原料等。可以说，棉花全身都是宝，是集纤维、粮、油、材于一体的综合性天然资源。

新疆是我国最古老、面积最大的产棉区。新疆有得天独厚的棉花生产条件：热量丰富、光照充足，宜棉荒地广阔和大规模可调控灌溉系统等，使新疆成为我国近年来发展最快的棉区。棉花是新疆目前种植规模最大的优势经济作物。随着棉花产业的不断壮大，新疆植棉区的棉花产量不断迈向新的高度。新疆与国内其他棉区相比，棉花生产优势主要表现在水、土、光、热资源丰富；优质新品种已达40多个，使新疆棉花比其他棉区更具有市场应变能力；新疆原棉品质高、色泽好、纤维长，具有发展优质棉的优势。多年来，新疆1~2级棉花占全国的80%左右，居全国之首，棉花商品率高达97.5%。新疆棉花生产不但在本区占有重要地位，而且是全国棉花生产的龙头，据统计，新疆维吾尔自治区财政收入的15%来自棉花及其相关产业。2002年新疆皮棉产值占农业总产值的23.6%，占种植业产值的34%，占GDP的7.74%；全疆农、牧民人均纯收入中15.4%来自棉花，重点棉区农民收入的60%~70%来自棉花。由于受2003年棉花价格大幅上扬的影响，2004年新疆棉花播种面积达1 113.54千平方公顷，比上年增长7.6%，棉花总产量为175万吨，平均单产105公斤。同年新疆棉花高密度栽培推广面积是近年来最多的一年，棉花高密度栽培面积达500千平方公顷，占棉花播种面积的79.6%以上，地方棉花高密度栽培和节水灌溉面积均较上年有所增加，膜下滴灌推广面积达4.07千平方公顷，为棉花潜在高产奠定了基础。2005年新疆棉花种植面积1 164.7千平方公顷，总产量189万吨，创历史最高水平，目前新疆棉花总产、单产和调出量已连续13年位居全国第一。2006年棉花产量达到218万吨，占全国总产量的32.54%，平均单产达到113 kg，比全国平均单产高36%。新疆已成为中国最大的棉花产区。今后，新疆将继续做强棉花主导产业，引导棉花种植进一步向主产区集中发展。新疆种植业中，棉花产值占65% ~70%，农民收入中35%来自于棉花，其中塔里木盆地棉花主产区则占60%以上，棉花生产成为新疆国民经济的主导产业和农民增收的主要途径。近年来，众多棉花研究者从棉花营养生理、栽培措施、优良品种繁育和生物分子等角度进行了不懈的探求，期望获得棉花高产的合理施肥措施、科学栽培方法、适应性强的优良品种以及高产生理等方面的各项措施和指标。

一、棉花对自然条件的要求

1. 光照

棉花是喜光作物，叶片进行光合作用所需的光照强度高于一般其他作物。据试验，棉花光补偿点为1 000 ~2 000 lx，光饱和点为70 000 lx ~80 000 lx，在强光下其他作物不能进行光合作用时，棉花仍能正常进行光合作用。棉花不耐阴，在树荫下生长或者种植密度过大，透风透光差，则蕾铃脱落多，产量降低。从光周期反应看，棉花是短日照作物。如对其作短日照处理，可提早现蕾开花。

2. 温度

棉花原产于热带、亚热带，长期适应温暖的气候条件，因而喜温怕冷，是典型的喜温作物。生长发育最适宜的气温是25℃ ~30℃，一般在15℃以上才能正常生长，19℃以上才能现蕾，开花结铃的适宜温度为25℃ ~30℃，纤维的形成需20℃以上的温度。棉花苗期在20℃ ~30℃范围内，温度越高，植株生长发育越快。新疆棉区苗期气温为12℃ ~24℃，且持续时间较长，与黄河流域棉区相比，热量不丰富，因此塑模覆盖植棉显示出巨大优势。棉花蕾期适宜气温为25℃左右，在气温不超过

30℃范围内，温度高则现蕾多。北疆棉区蕾期平均气温23℃～25℃，比适温偏低；南疆棉区为25℃，适于现蕾开花；吐鲁番气温接近30℃，有时出现35℃～40℃高温，导致落蕾增加。

一个地区是否适宜种植棉花，主要取决于其热量资源。南北疆棉区花铃期（7月上旬至8月中旬）平均气温25℃左右，符合棉花生长条件，但后半期（8月中旬以后）稍低，9月份后降温较快，不利于纤维成熟，产量也受到限制。

3．水分

棉花是比较耐旱的作物，采用常规沟灌，全生育期需水4 800 m^3/hm^2～6 000 m^3/hm^2，其中苗期日耗水量21 m^3/hm^2～22.5 m^3/hm^2，阶段性耗水占全生育期耗水量的12%～15%；蕾期日耗水量为33 m^3/hm^2～45 m^3/hm^2，阶段性耗水占全生育期耗水量的12%～20%；花铃期日耗水量为60 m^3/hm^2～90 m^3/hm^2，阶段性耗水量占全生育期耗水量的50%～60%；吐絮期耗水量22.5 m^3/hm^2～33 m^3/hm^2，阶段性耗水量占生育期耗水量的10%～20%。

4．土壤

棉花是喜温作物，棉籽发芽的最低温度为10.5℃～12℃，适宜温度为20℃～30℃，最高温度为40℃～45℃；在适宜的温度范围内，温度越高，发芽越快，但35℃以上发芽率降低。在昼夜平均温度相同条件下，变温比恒温更有利于发芽。棉籽种皮厚而坚硬，其发芽需要吸收水分为种子风干重的61.6%。

土壤水分为田间持水量的70%左右时，发芽率高，出苗快；土壤水分为田间持水量的45%时，发芽率低，出苗慢。

棉籽内含有丰富的蛋白质和脂肪，种子发芽时要有充足的氧气，才能增强呼吸作用和酶的活性，将不溶性物质转化为可溶性物质，供发芽需要。研究表明，棉花种子发芽适宜的土壤空气氧含量为7.5%～21.0%，CO_2浓度不能超过10%。若氧气供应不足时，呼吸作用减弱，能量减少，影响萌发；氧气供应严重不足时，棉籽只能进行无氧呼吸，产生酒精，抑制萌发，甚至毒害种胚，导致烂种缺苗。

二、营养元素在棉株内的分布

1. 氮素

生殖器官中以种子含氮量最高，占全株总氮量的50%～65%，纤维含氮量最低，约占干物质重的0.1%～0.3%，占全株总量的2%以下；营养器官以叶片含氮量最高，约占干物质重的2%～3%，占全株总量的12%～18%，其次是果枝和叶片的含氮量，占全株含氮量的10.4%，茎和根的含量较低，仅占全株的1.5%以下。现蕾前后叶片中的含氮量最高，约占全株含量的70%。开花以后叶片氮不断向生殖器官转移，逐渐下降，到开花结铃期，下降很多，只占全株含量的40%，成熟棉株叶片氮只占全株的18%。与此相反，生殖器官的含氮量则逐渐增加，到棉铃成熟期，种子含氮量达到最高值。植株体全氮量从下向上递增，然后再运往不同节位叶片。无论开花和成熟期，下层叶片全氮量比上层少，说明氮可再利用，缺氮首先从下部叶片表现出症状。

2. 磷素

苗期磷明显分布在新生器官尤其是根中，这说明磷对生长初期的根系发育和新生器官形成起重要作用。进入花铃期，磷分布以生长点最多，生殖器官也较多。结铃期磷分布呈现明显的规律性：主茎叶和果枝叶由下向上和由内向外依此递减，老叶少、新叶多，下部少、中部多、上部更多。成熟阶段磷从营养器官转运到生殖器官，运输走向与氮相似，即铃柄→铃壳→种子→纤维。在棉铃发育初期，磷重要分布在铃壳中，以后逐渐转移到种子和纤维。

3. 钾素

成熟棉株各个器官的含钾量及分布与氮、磷不同。一是除种子外，根器官的含钾量都比氮、磷高，如根中含N0.38%，含$P_2O_5$0.5%，而K_2O达到1.06%；二是叶柄和铃壳含钾量高于其他器官，棉籽仁含K_2O1.5%，低于叶柄2.5%~3.0%和铃壳3.5%~3.8%；钾在疏导组织中的含量高与钾能促进碳水化合物运输和调节渗透压功能有关，钾不能参与有机体的构成，因而贮存器官含量低。

三、营养元素对棉花产量及品质的影响

1. 氮素

就棉花一生来讲，从出苗到现蕾之前约39~50天的时间里，虽然以营养生长为中心，但由于气温低，所吸收氮素是较少的，约占一生总吸收量的2.0%~3.2%；棉花进入蕾期之后，营养生长和生殖生长并进，但以营养生长为主，随着生长加快，氮素吸收量逐渐增加，这一时期约占一生总吸收量的12.5%~32.4%；花铃期是棉花吸收氮素的高峰期，这一时期约占一生总吸收量的44.3%~63.1%；吐絮期棉花氮素吸收开始下降，这一时期约占一生总吸收量的12.8%~21.0%。棉花全生育期氮素相对吸收率前期慢，随着生育过程而加快，到花铃期达到高峰，以后又下降。

氮素适宜时棉株生理活力旺盛，叶片衰老延缓，群体结构合理，有利于营养生长和生殖生长，现蕾多，结铃多，产量高；

氮素不足时，光合势和净同化率都很低，光合产物少，相对生长率低。营养生长和生殖生长同时受抑制，植株矮小，叶片瘦弱并且黄化，总果节数小，成铃少，铃重轻，产量低，纤维品质下降；氮素过多，尽管光合势和净同化率继续增加，但幅度相对较小，相对生长率加快，易引起较长的叶柄，肥大的叶片，郁蔽的群体，果节数少，成铃少。当营养生长向生殖生长转化时，光合产物不能顺利向生殖器官运转，易引起营养生长和生殖生长失调，中下部蕾铃脱落增多，还会贪青晚熟，增加霜后花，降低纤维和种子品质。

氮素对棉花生长发育起着重要作用。提高氮素浓度能促进出叶速率，延长叶片寿命和增大叶面积，加强光合作用并延缓衰老，氮对根的生长也有促进作用，氮主要是通过延长有效结铃期和增加总铃数来提高棉花产量，氮对提高单铃重的作用较小；在品质方面，氮能降低早期成铃的纤维细度，增加中后期成铃的纤维细度，对纤维强度影响小，衣分有所下降。

2. 磷素

棉花全生育期磷素营养的相对吸收率与氮呈相同的趋势，即前期慢，随着生育进程而加快，到花铃期达到高峰，以后又下降。棉花需磷量比需氮少，单株棉花一生中吸收0.5~0.6g磷素，其中约为43%~50%用于营养器官，分配趋势为棉叶>果枝>茎>根，50%~57%用于生殖器官，分配趋势为棉籽>铃>壳>蕾>幼铃>纤维。磷素适宜能增加作物产量，纤维长度也有所增加，但是，磷对纤维品质影响较小。另外，磷还能增强棉花抗旱、抗寒等能力。不同磷肥用量对棉花生理效应和产量的影响表明，在其他养分充足的条件下，增施磷肥，棉花铃数、结铃率、皮棉产量、单铃重和纤维长度有所增加。

3. 钾素

棉花全生育期钾素相对吸收率与氮趋势相似，即前期少而慢，随着生育进程而加快，开花结铃期达到高峰，以后开始下降。钾素适宜能增加单株铃数、单铃重和提高衣分率，因而可以提高单产；钾素适宜能减轻和降低由细菌、真菌和由线虫危害诱发的角斑病、根腐病、萎蔫病、苗疫病和凋萎病等，即钾能增强棉花对病原生物侵入的抗性；钾素适宜能提高纤维强度和长度，增加种子含油率及提高油脂的营养价值。当钾素过量，钾对纤维品质的改良效应逐渐变小，甚至消失，过量钾素会推迟棉花生育进程，延缓纤维发育时间，减少前中期收花量，纤维伸长和细胞壁加厚不均匀，纤维相对变得粗短。同时，僵花率随着钾素的增加而增加，产量损失增多。

第三节　大气降尘对棉花生长指标的影响

一、大气降尘对棉花株高的影响

在棉花不同的生育期，对受降尘影响及不受降尘影响的棉株分别测定其株高，由图6-1表明：苗期，不受降尘影响的棉株株高显著高于受降尘影响的棉株（$P<0.05$）；蕾期，不受降尘影响的棉株株高也高于受降尘影响的棉株，但两处理间差异未达到显著水平；花铃期，受降尘影响的棉株株高显著高于不受降尘影响的棉株（$P<0.05$）；吐絮期，受降尘影响的棉株株高也高于不受降尘影响的棉株，但两处理间差异未达到显著水平。

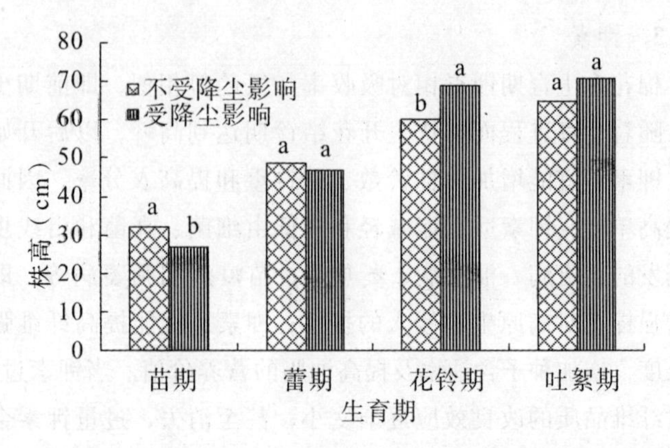

图 6-1　不同降尘处理棉花株高

二、大气降尘对棉花真叶数、蕾数、铃数及吐絮数的影响

在棉花不同的生育期，对受降尘影响及不受降尘影响的棉株分别统计其真叶数、蕾数、铃数和吐絮数。表 6-1 表明：苗期、蕾期和吐絮期，不受降尘影响的棉株真叶数多于受降尘影响的棉株；花铃期，受降尘影响的棉株真叶数多于不受降尘影响的棉株。蕾期，不受降尘影响的棉株蕾数多于受降尘影响的棉株；花铃期，受降尘影响的棉株蕾数多于不受降尘影响的棉株。花铃期，受降尘影响的棉株铃数多于不受降尘影响的棉株；吐絮期，不受降尘影响的棉株铃数多于受降尘影响的棉株。吐絮期，不受降尘影响的棉株吐絮数多于受降尘影响的棉株。但是，两处理之间差异均不显著。

表6-1 不同处理下的棉花真叶数、蕾数、铃数及吐絮数

		真叶数	蕾数	铃数	吐絮数
苗期	不受降尘影响	8.40 ± 1.06			
	受降尘影响	7.60 ± 1.45			
蕾期	不受降尘影响	12.60 ± 1.24	6.50 ± 1.55		
	受降尘影响	12.46 ± 1.56	6.20 ± 2.04		
花铃期	不受降尘影响	12.13 ± 1.30	3.60 ± 1.84	3.20 ± 1.66	
	受降尘影响	12.80 ± 1.42	3.86 ± 2.06	4.20 ± 0.94	
吐絮期	不受降尘影响	19.20 ± 2.65		3.67 ± 2.09	1.47 ± 1.43
	受降尘影响	13.00 ± 1.55		3.46 ± 1.76	1.46 ± 1.12

注：表中数据为平均值 ± 标准差（n = 15）。

3. 大气降尘对棉花叶片干物质累积的影响

不同生育期，在不受降尘影响和受降尘影响的棉花样区分别采集棉花叶片进行干物质测定，结果表明：苗期、蕾期和吐絮期，受降尘影响的棉株叶片干物质含量均高于不受降尘影响的棉株叶片；花铃期，不受降尘影响的棉株叶片干物质含量高于受降尘影响的棉株叶片。但是两处理之间差异均不显著（见图6-2）。

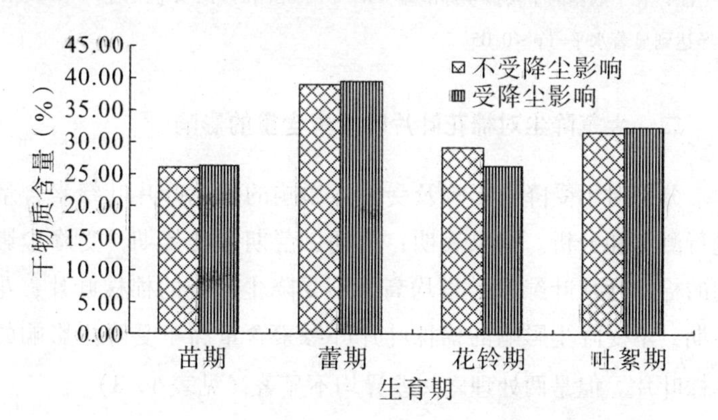

图6-2 不同降尘处理棉花叶片干物质含量

第四节 大气降尘对棉花叶片光合特性及叶绿素含量的影响

一、大气降尘对棉花叶片光合特性的影响

分别对不受降尘影响及受降尘影响的叶片进行净光合速率、气孔导度、胞间 CO_2 浓度和蒸腾速率的测定及分析。结果表明：不受降尘影响的棉花叶片的净光合速率、气孔导度、胞间 CO_2 浓度和蒸腾速率均显著高于受降尘影响的棉花叶片（见表 6－2）。

表 6－2　　不同处理下棉花叶片光合特性

处理＼生育期	净光合速率 [μmol/（m² · s）]	气孔导度 （mmol/mol）	胞间 CO_2 浓度 （μmol/mol）	蒸腾速率 [mol/（m² · s）]
不受降尘影响	22.866 7 ±3.100 4 ^{a}	0.802 1 ±0.101 7 ^{a}	266.777 8 ±35.070 6 ^{a}	5.013 3 ±0.625 2 ^{a}
受降尘影响	13.511 1 ±2.317 0 ^{b}	0.538 9 ±0.338 5 ^{b}	221.333 3 ±19.085 3 ^{b}	4.205 6 ±0.520 1 ^{b}

注：表中数据为平均值 ± 标准差（n =9），相同的列中不同的小写字母表示差异达到显著水平（$p<0.05$）。

二、大气降尘对棉花叶片叶绿素含量的影响

分别对不受降尘影响及受降尘影响的棉花叶片叶绿素含量进行测定和分析。结果表明：苗期、蕾期和吐絮期，受降尘影响的棉株叶片叶绿素含量均高于不受降尘影响的棉株叶片；花铃期，不受降尘影响的棉株叶片叶绿素含量高于受降尘影响的棉株叶片。但是两处理之间差异均不显著（见表 6－3）。

表 6-3　　　　不同处理下棉花叶绿素含量

处理＼生育期	苗期	蕾期	花铃期	吐絮期
不受降尘影响	59.020 0 ±5.170 3	49.746 7 ±6.221 8	51.466 7 ±3.894 8	61.686 7 ±4.421 0
受降尘影响	62.540 0 ±7.066 7	51.460 0 ±6.016 7	49.626 7 ±4.454 1	63.180 0 ±7.568 1

注：表中数据为平均值 ± 标准差（n=9）。

第五节　大气降尘对棉花叶片氮、磷、钾素的影响

一、大气降尘对棉花叶片氮素影响的研究

分别对不受降尘影响及受降尘影响的棉花叶片氮素含量进行测定和分析。结果表明：苗期和花铃期，不受降尘影响的棉花叶片氮素含量高于受降尘影响的叶片，但两处理间差异不显著；蕾期和吐絮期，受降尘影响的棉花叶片氮素含量高于不受降尘影响的叶片，而两处理间差异也未达到显著水平（见图 6-3）。

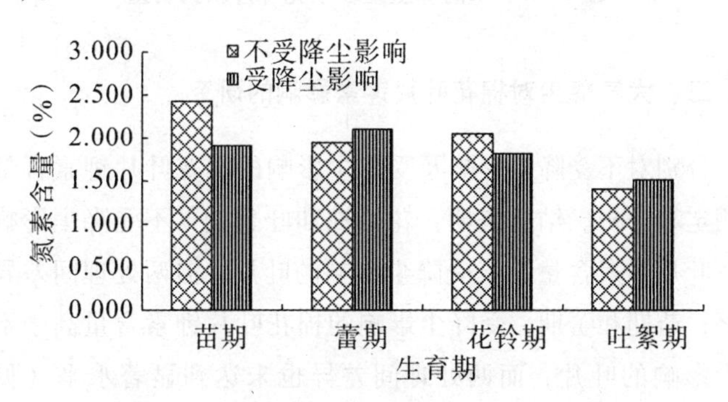

图 6-3　不同降尘处理下棉花叶片氮素含量

二、大气降尘对棉花叶片磷素影响的研究

分别对不受降尘影响及受降尘影响的棉花叶片磷素含量进行测定和分析。结果表明：苗期，花铃期和吐絮期，不受降尘影响的棉花叶片磷素含量高于受降尘影响的叶片，但两处理间差异不显著；蕾期，受降尘影响的棉花叶片磷素含量高于不受降尘影响的叶片，而两处理间差异也未达到显著水平（见图6-4）。

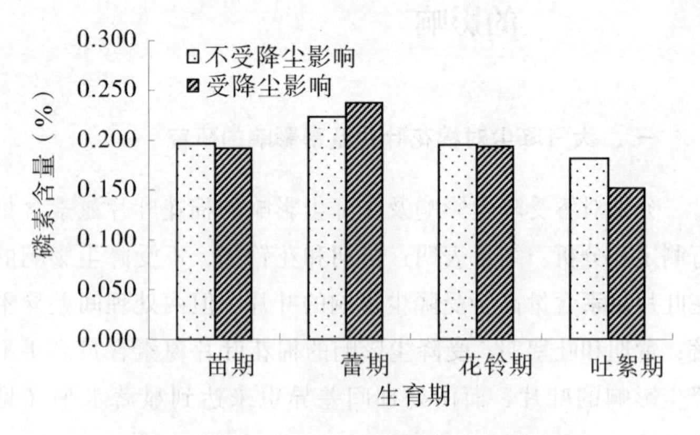

图6-4　不同降尘处理下花叶片磷素含量

三、大气降尘对棉花叶片钾素影响的研究

分别对不受降尘影响及受降尘影响的棉花叶片钾素含量进行测定和分析。结果表明：花铃期和吐絮期，不受降尘影响的棉花叶片钾素含量高于受降尘影响的叶片，但两处理间差异不显著；苗期和蕾期，受降尘影响的棉花叶片钾素含量高于不受降尘影响的叶片，而两处理间差异也未达到显著水平（见图6-5）。

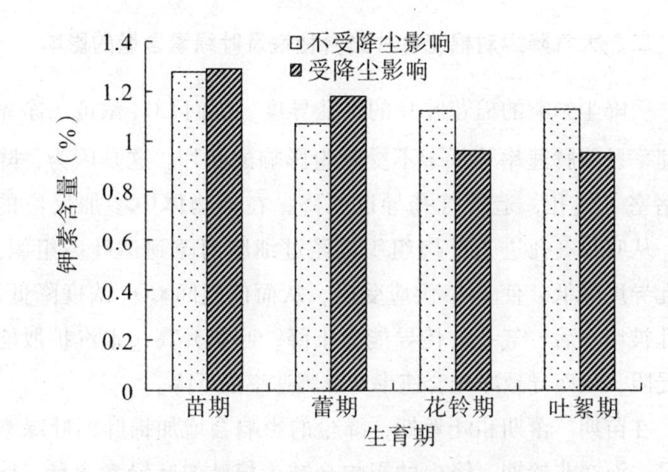

图 6－5　不同降尘处理下的棉花叶片钾素含量

第六节　小结

一、大气降尘对棉花生长指标的影响

棉花生育前期（苗期、蕾期），降尘的影响会抑制棉株的生长，而到生育中后期（花铃期及吐絮期），降尘的影响反而加快了棉株的生长。

苗期→蕾期，降尘的影响在一定程度上会限制棉株的真叶数、蕾数的量；蕾期→花铃期，降尘的影响增加了棉株真叶数、蕾数和铃数；花铃期→吐絮期，降尘的影响会使铃数及吐絮数有一定程度的下降。

在苗期、蕾期和吐絮期，降尘的影响会促进棉叶的干物质的积累；在花铃期，降尘的影响会抑制干物质的积累。

二、大气降尘对棉花叶片光合特性及叶绿素含量的影响

受降尘影响的棉花叶片的气孔导度、胞间 CO_2 浓度、净光合速率及蒸腾速率均低于不受降尘影响的叶片。这是因为，降尘堵塞了气孔，造成气孔导度下降；在植物体中参加反应的 CO_2 从叶片气孔进入叶肉组织，经过细胞间隙到达叶肉组织。气孔导度降低，使 CO_2 供应受阻，从而使胞间 CO_2 浓度降低；气孔被堵塞后，气孔的传导能力下降，叶温升高，水汽扩散能力受阻，从而导致净光合速率和蒸腾速率的下降。

在苗期、蕾期和吐絮期，降尘的影响会增加棉叶的叶绿素含量；而在花铃期，降尘的影响会减少棉叶的叶绿素含量。此结论与降尘对棉叶干物质影响的结论相一致。

三、大气降尘对棉花叶片氮、磷、钾素的影响

在不同的生育期，降尘对棉花叶片氮、磷、钾素的影响不同。苗期：降尘的影响会增加棉花叶片氮素、磷素的含量，但钾素含量会降低。蕾期：受降尘影响的棉花叶片氮素、钾素含量升高，而磷素含量下降。花铃期：降尘的影响会增加棉花叶片氮素、磷素的含量，降低钾素的含量。吐絮期：受降尘影响的棉花叶片氮素含量升高，而磷素、钾素含量降低。

第七章　大气降尘对玉米影响的研究

第一节　样品采集及测定方法

一、样地布设

1. 玉米品种：郑单49。

2. 样地设置

（1）在所选的玉米样地中选择受降尘影响及不受降尘影响的样区各3个。

（2）按玉米的生育期定期在不同样区测定其生物量、叶绿素含量、光合指标等，并采集不同样区的玉米叶片作为样本。

（3）将采集的玉米叶片样品进行全氮、全磷及全钾的测定。

二、植物生物学指标测定

同“第六章　第一节”中的内容。

第二节 玉米的特性

玉米是一种高产、稳产的粮食作物。近年来玉米发展很快，是世界第三大粮食作物，播种面积和总产仅次于水稻和小麦。目前，全世界玉米生产已从传统的粮食作物生产发展到饲料和深加工等多用途生产。其中70% ~80%的籽粒主要作为精饲料及配合饲料利用，15% ~20%作为加工工业的原料，仅10% ~15%为人们直接食用。

玉米是C_4作物，光合同化率高，干物质积累量多，增产潜力大。玉米籽粒中营养成分丰富，其中蛋白质含量比大米高25%，脂肪含量比大米多5倍以上，维生素A含量也很丰富，维生素B_1、维生素B_2含量比大米多。玉米素有“饲料之王”的称号。籽粒是优良精饲料，营养价值高且易于消化。茎叶含有丰富的维生素、矿物质等多种成分，从抽雄到蜡熟期间带果穗收割加工，可作为营养丰富的青贮饲料。玉米综合利用价值高，工业和医药用途广泛，全株各器官都可作为轻工业原料，能直接或间接制成的工业品达500种之多，如淀粉、糖浆、葡萄糖、抗生素、酒精、醋酸、丙酮、丁醇、糠醛、玉米油、肥皂、油漆等。玉米品种类型多，适应性强，增产潜力大，产量高，品质较好，适应性广。发展玉米生产对于促进我国粮食和饲料生产，加速畜牧业发展，改善城乡人民的膳食结构，提高人民的生活水平，具有十分重要的意义。

一、玉米对自然条件的要求

1. 温度

玉米在长期的系统发育中形成了喜温、好光的特性，整个生长过程都要求较高的温度和较强的光照条件，其中温度是影响玉米生育期长短的决定性因素。

种子在6℃～8℃条件下发芽，但发芽速度较慢，在10℃～20℃时发芽较快，生产上常以地表5 cm～10 cm土层温度稳定在10℃～20℃作为适时早播的温度指标。在25℃～30℃高温下发芽过快，但易形成细高脚苗。苗期若遇到－3℃～－2℃的低温，幼苗会受到霜害，遇－4℃可能会被冻死。一般植株长到6叶～8叶展开，温度达到18℃时开始拔节，18℃～22℃是拔节期生长茎叶的适宜温度。在较高的温度条件下，茎节伸长迅速。

抽雄开花时，日平均温度以24℃～26℃最适宜。气温高于32℃，空气相对湿度低于30%，会使花粉失水干枯，花丝枯萎，导致授粉不良，造成缺粒减产。抽雄散粉时，气温低于20℃，花药开裂不正常，影响正常散粉。

籽粒形成和灌浆期间，日平均温度以22℃～24℃最适宜，若气温低于16℃或高于25℃，则酶的活性受影响，光合产物累积和运输受阻，籽粒灌浆不良；如遇高温逼熟，则千粒重明显下降，减产严重。

在无霜期短的地区，玉米生育后期可能受早霜危害，若遇到3℃～4℃低温，植株便停止生长，籽粒成熟和产量均受到影响。若遇－3℃低温，籽粒尚未完全成熟而含水量又较高，易丧失发芽能力。

2. 光照

玉米是具有高光效的C_4作物，光照条件充足，其丰产性大。玉米属不典型的短日照作物，在每天8 h~12 h的日照条件下，植株生育加快，可提早抽雄开花，但在较长日照（18h）状况下，也能开花结实。玉米对光的需求较高，其饱和点为5×10^4 lx~9×10^4 lx，补偿点为1 500lx左右，光照充足，有利于高产的形成。玉米覆膜栽培，既可增温、保墒，也利于反射中、下层漏光，提高光能利用率。

不同玉米品种对日照时间的反应程度是不同的。晚熟品种较为敏感，早熟品种反应较为迟钝。据研究，我国南方品种对日照长短反应敏感，北方硬粒型次之，北方马齿型品种最迟钝。玉米雌穗比雄穗对光照反应更为敏感。

了解光周期反应对玉米引种具有现实意义。一般从比当地纬度略低的地区引进玉米品种，由于延长了生育期，更充分地利用生长季的光热资源而使产量增长。但应注意，引种的纬度距离不宜过大，生育期延长不宜过多，否则造成玉米成熟度差，籽粒含水量过多，干燥困难，降低加工面粉品质。

新疆由于纬度高，生长季节白天时间长，而且晴天多云量少，一天之中有效光合时间比国内其他地区都长，是我国日照最多的地区之一，全年日照达2 550 h~3 500 h。在玉米生长季节（4~9月）日照时数的平均百分率都高于全年平均值，而最高值多出现在秋高气爽的8、9、10月，这种光能分布状况，对于玉米干物质的积累和籽粒产量的形成是特别有利的。

3. 水分

玉米全生育期的需水规律大体是：苗期植株幼小，以生长地下根系为主，表现耐旱应以蹲苗来促壮；拔节后，植株生长迅速，株高、叶多，需水量逐渐增大；在抽雄前10 d至抽雄后20 d这一个月内，消耗水量多，对水分需求很敏感；开花期是玉米的需水临界期，若缺水受旱会造成卡脖旱，减产严重；乳熟期后，消耗水量逐渐减少。春、夏玉米的需水规律大体相似，但夏玉米播种时外界气温高，苗期生长快，前期耗水远比春玉米多，应提早灌水。

从各年玉米产量变化和不同地区产量比较来看，降雨量对玉米产量有较大的影响，因为降雨可缓和当时的旱象，降雨可以降低气温，增加田间空气相对湿度，解除酷热和大气干旱对玉米造成的不良影响。出苗期间适当降雨，增加土壤墒度，对玉米全苗十分有利。北疆地区的降雪和积雪可增加农田墒情，缓和春旱矛盾，对春玉米的全苗和壮苗都有良好的作用。新疆降水量在时间上的分布，准噶尔盆地多集中于春夏季，4~8月的降水量占全年的60%~70%，和玉米生长需要配合得较好。南疆西部春季降水最多，占全年的50%，冬季最少。但因其降水绝对量很少，对作物生长意义不大。相反，南疆一些盐碱地区，春季降雨往往引起土表盐分溶解，渗入作物根部，造成幼苗死亡。

对农作物生长发育最适宜的空气湿度是60%~80%，湿度过高或过低都有不利影响。玉米特别不能忍耐高温和低湿的结合，尤以开花期间受害最重。新疆空气湿度比内地各省区低，一般年平均相对湿度，北疆地区多为50%~60%，南疆多为40%~50%，伊犁、塔城可达60%~65%，而东部哈密地区只有40%左右。一年之中以春季相对湿度较低，所以春玉米播前整地要特别注意防止跑墒。

气候干燥、空气湿度低，玉米的一些病害发展受阻，这也是新疆地区玉米生产的优越条件之一。

4. 土壤

玉米根系发达，根量大、分布广，入土深度可达1 m以下。玉米全生育期吸收的养分较小麦多，种植玉米的土壤应具有较高的肥力，一般要求土壤有机质达1.2%以上，碱解氮70 mg/kg～80 mg/kg，速效磷15 mg/kg。

玉米是需氧较多的作物，根系呼吸活动强烈，必须由土壤供给充足的氧气。种植玉米的土壤应具备水稳性团粒结构，良好的通透性有利于根系发育，进而促进地上茎叶生长，上下营养物质顺利转运和交换。如果土壤通透性不良，供氧不足，根系呼吸作用受到抑制，植株对多种营养元素，特别是氮、磷的吸收利用能力变弱，容易形成瘦弱的红苗。土壤耕作层要求在30 cm以上，深厚的耕作层是保证玉米高产、稳产的基础。

玉米抗盐碱能力比小麦、棉花等弱，在盐碱地种植玉米很难获得高产，须先行洗盐改良，保证土壤含盐量在0.3%以下。

土壤酸碱度对玉米也有很大的影响，适宜玉米生长的土壤酸碱度为5～8，强酸性和强碱性都不适宜。新疆大部分农田酸碱度8左右，玉米生长良好。

二、营养元素在玉米各器官中的分布

1. 氮素

玉米各器官积累氮量占全株总氮量百分比例是叶片>茎秆>雌穗（苞叶+穗轴+穗柄）>叶鞘；在一生中的变化趋势为一单峰曲线，抽雄或灌浆期达最高峰，表明此期前为氮素积累时期，此期后为氮素转移时期。全株一生中氮素积累比例是逐渐增加的，拔节期1.2%，大喇叭口期为31.4%，灌浆期为60.5%，成熟期为100%。成熟期各器官氮素分配比例是：籽粒(76.5%)>叶片(13.2%)>茎秆(4.6%)>雌穗(4.2%)>叶鞘(1.4%)。籽粒是氮素积累的主要器官。

2. 磷素

玉米各器官积累磷量占全株总磷量的百分比例与氮非常相

似，叶片 > 茎秆 > 雌穗 > 叶鞘；在一生中的变化趋势为一单峰曲线，全株一生中磷素积累比例是逐渐增加的，拔节期为0.9%，大喇叭口期为27.4%，灌浆期为61.6%，成熟期为100%。成熟期各器官氮素分配比例是：籽粒(87.2%) > 叶片(6.4%) > 雌穗(3.2%) > 茎秆(2.1%) > 叶鞘(1.2%)。籽粒是磷素积累的主要器官。

3. 钾素

玉米各营养器官积累钾量占全株总钾量百分比例与氮、磷稍有不同：抽雄前为叶片 > 茎秆 > 叶鞘 > 雌穗，灌浆以后，雌穗和茎秆又高于叶片和叶鞘；在一生中的变化趋势，叶片、叶鞘和雌穗为一单峰曲线，抽雄或灌浆期达最高峰，表明此期间为钾素积累时期，此期后为钾素转移时期；茎秆中的钾在一生中为积累趋势，表明后期无钾转移。全株一生中钾素积累比例是逐渐增加的，拔节期为0.8%，大喇叭口期为26.2%，灌浆期为60.9%，成熟期达100%。成熟期各器官钾素分配比例是：籽粒(59.9%) > 茎秆(18.7%) > 雌穗(11.0%) > 叶片(6.5%) > 叶鞘(3.9%)。籽粒是钾素积累的主要器官，但这一比例是低于磷（87.2%）和氮（76.5%）的。

三、营养元素对玉米产量及品质的影响

1. 氮素

玉米一生中吸收的氮最多，钾次之，磷较少。在不同的生育阶段，玉米对氮、磷、钾的吸收是不同的。研究资料表明，春玉米苗期对氮的吸收量较少，只占总氮量的2.14%；拔节孕穗期吸收量较多，占总量的32.21%；抽穗开花期吸收量占总量的18.95%；籽粒形成阶段吸收量占总量的46.7%。夏玉米由于生育期短，吸收氮的时间较早，吸收速度较快。苗期吸收量占

总量的9.7%；拔节孕穗期吸收量占总量的76.19%；抽穗至成熟期吸收量占总量的14.11%。

氮磷钾养分对玉米产量构成有很大影响。有研究表明，氮肥水平与穗粒重呈极显著正相关，与穗粒数呈显著正相关，而对百粒重影响不大，追施氮肥对穗粒重和穗粒数影响较大。穗粒数随着氮肥用量的增加而增加。申丽霞研究认为不同施氮水平下子粒产量的差异主要是由穗粒数决定的，施氮可增加穗粒数，提高产量，在高密度栽培条件下更为明显。张智猛研究也认为，玉米产量构成因素是随着氮肥用量的增加而提高的，不同类型玉米影响效果有所区别。杨德光研究发现，施氮能显著提高玉米产量构成因素中穗粒数和千粒重，从而增加玉米产量。而何萍等认为适量的氮肥施用量可以加快子粒灌浆速率，从而增加粒重，氮肥施用量过高或者过低都会使粒重降低。陈范骏研究结果表明行粒数、穗行数、穗重、穗粒数、出籽率都与单株粒重呈正相关，而且在高氮条件下差异达到极显著水平；在低氮条件下则未达到显著水平。

氮素是对玉米产量和品质效益影响最大的因素。氮素会使籽粒中淀粉、粗脂肪和籽粒蛋白质含量显著增加。

2. 磷素

玉米对磷的吸收是：春玉米在苗期吸收量占总量的1.12%，拔节孕穗期吸收量占总量的45.04%，抽穗受精和籽粒形成阶段吸收量占总量的53.84%。夏玉米对磷的吸收也较早，苗期吸收10.16%，拔节孕穗期吸收62.60%，抽穗受精期吸收17.37%，籽粒形成期吸收9.87%。

有关磷素营养对玉米产量构成的影响，王立春等研究了不同磷营养水平对优质玉米产量构成因素的影响，结果表明，施磷处理的穗长、秃尖长度、粒数及千粒重都好于不施磷处理。

赵海军的研究也认为磷素营养对不同类型玉米的产量影响各不相同，施用磷肥可以通过增加穗行数和行粒数，从而增加穗粒数，以及提高千粒重来增加产量。

玉米孕穗和开花期缺磷，糖代谢与蛋白质合成受阻，果穗分化发育不良，穗顶镒缩，甚至空穗，花丝也会延迟伸出，使受精不良，容易出现秃顶、缺粒与粒行不整齐和果穗弯曲等现象。后期缺磷会使营养物质的重新分配与再利用过程受到影响，成熟延迟，产量和品质降低。

3. 钾素

玉米对钾素的吸收是：春玉米与夏玉米基本相似，在抽穗前有70%以上被吸收，抽穗受精时吸收30%：玉米干物质累积与营养水平密切相关，对氮、磷、钾三要素的吸收量都表现出苗期少，拔节期显著增加，孕穗到抽穗期达到最高峰的需肥特点。

有关钾对玉米产量构成的影响研究报道较少。倪大鹏研究发现施用钾肥能明显提高千粒重及产量，且表现为钾肥基施效果优于大喇叭口期施用，但对穗行数和行粒数影响不大。李艳杰等研究也表明玉米施用钾肥后，穗粒数、千粒重都有增加的趋势，产量也得到提高，其中千粒重的提高最为明显和重要。

钾对玉米植株碳水化合物的合成和运输有很大影响。钾素充足时，玉米植株内蔗糖、淀粉、纤维素和木质素含量较高，茎秆上的机械组织发达，可防止倒伏。另外，钾素充足可提高玉米植株的抗旱性。

第三节　大气降尘对玉米生长指标的影响

一、大气降尘对玉米株高的影响

在玉米的不同生长发育阶段，对受降尘影响及不受降尘影响的玉米分别测定其株高，结果表明：玉米在各个生长发育阶段，不受降尘影响的玉米株高均高于受降尘影响的玉米。但是两处理仅在出苗后45天差异才达到显著水平（$P<0.05$），见图7－1。

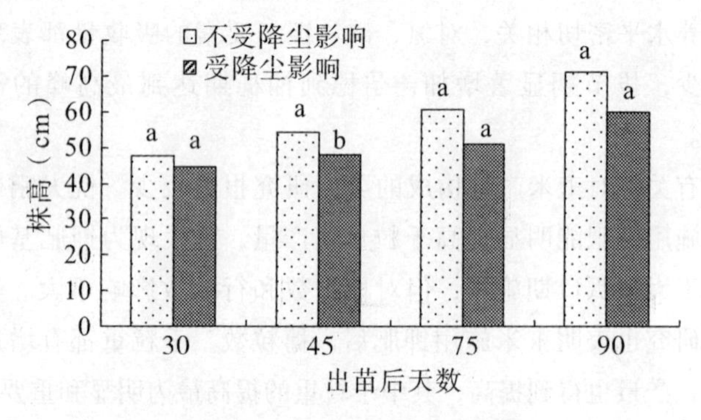

图7－1　不同处理玉米株高

二、大气降尘对玉米茎粗的影响

在玉米的不同生长发育阶段，对受降尘影响及不受降尘影响的玉米分别测定其茎粗，结果表明：玉米在各个生长发育阶段，不受降尘影响的玉米茎粗均高于受降尘影响的玉米。但是两处理仅在出苗后45天及出苗后90天差异才达到显著水平（$P<0.05$），见图7－2。

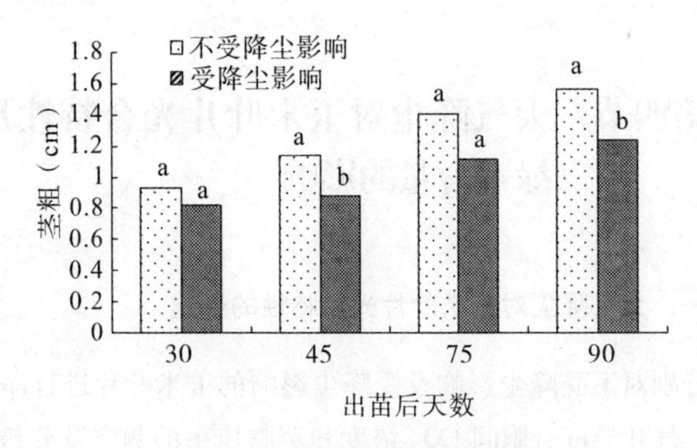

图7-2　不同处理玉米茎粗

三、大气降尘对玉米干物质累积的影响

对玉米进行不受降尘影响及受降尘影响的两个处理，通过对玉米不同器官干物质含量分析，结果表明：不受降尘影响的玉米干物质的累积顺序为：叶片 > 根系 > 茎，受降尘影响的玉米干物质的累积顺序为：根系 > 叶片 > 茎。由此说明根系及茎受降尘影响后干物质积累量较大，而叶片受降尘影响后干物质积累量明显下降（见图7-3）。

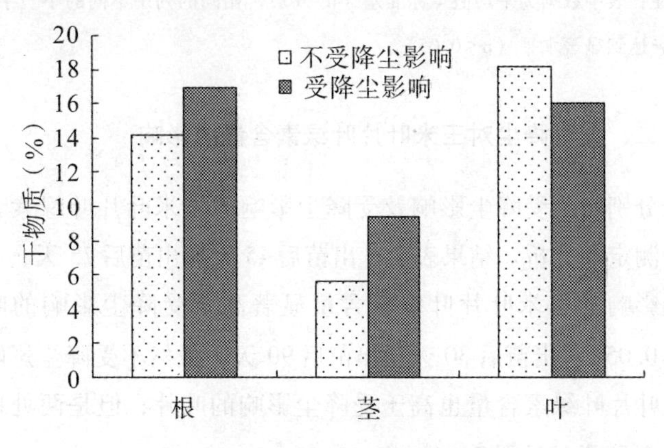

图7-3　不同处理玉米干物质含量

第四节 大气降尘对玉米叶片光合特性及叶绿素含量的影响

一、大气降尘对玉米叶片光合特性的影响

分别对不受降尘影响及受降尘影响的玉米叶片进行净光合速率、气孔导度、胞间 CO_2 浓度和蒸腾速率的测定及分析。结果表明：不受降尘影响的玉米叶片的净光合速率、气孔导度、胞间 CO_2 浓度和蒸腾速率均显著高于受降尘影响的玉米叶片（$P<0.05$）（见表 7－1）。

表 7－1　　不同处理下玉米叶片光合特性

生育期 处理	净光合速率 [μmol/（m^2·s）]	气孔导度 (mmol/mol)	胞间 CO_2 浓度 (μmol/mol)	蒸腾速率 [mol/（m^2·s）]
不受降尘影响	38.231 2 ±1.385 1[a]	0.454 4 ±0.226 1[a]	185.635 7 ±20.147 7[a]	6.251 0 ±0.763 9[a]
受降尘影响	25.786 6 ±1.686 8[b]	0.231 5 ±0.153 4[b]	120.543 1 ±15.421 5[b]	3.721 1 ±0.474 3[b]

注：表中数据为平均值 ± 标准差（n = 15），相同的列中不同的小写字母表示差异达到显著水平（$p<0.05$）。

二、大气降尘对玉米叶片叶绿素含量的影响

分别对不受降尘影响及受降尘影响的玉米叶片叶绿素含量进行测定和分析。结果表明：出苗后 45 天和出苗后 75 天，不受降尘影响的玉米叶片叶绿素含量显著高于受降尘影响的叶片（$P<0.05$）；出苗后 30 天及出苗后 90 天，虽然不受降尘影响的玉米叶片叶绿素含量也高于受降尘影响的叶片，但是两处理间差异不显著（见图 7－4）。

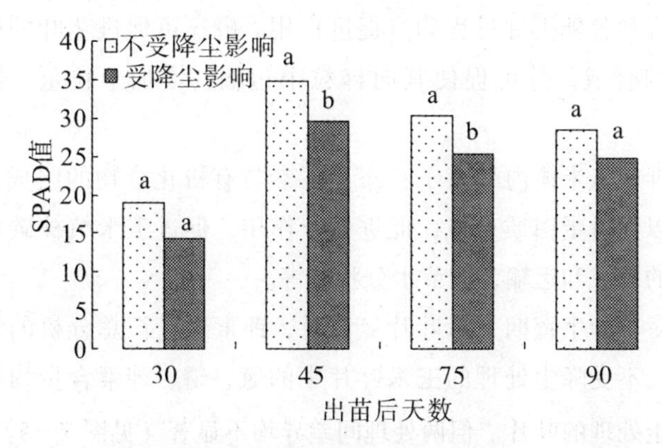

图 7-4　不同处理玉米 SPAD 值

第五节　大气降尘对玉米叶片氮、磷、钾素的影响

玉米在生长发育过程中需要多种矿质元素，其中大量需要的是氮、磷和钾三要素。

氮是玉米进行生命活动所必需的重要元素。首先氮是构成蛋白质的主要成分，约占蛋白质总量的 1/6 左右，细胞质和细胞核中都含有蛋白质。没有氮，玉米就不能进行正常的生命活动。其次，氮是构成酶的重要成分，如果氮酶形成受阻，许多生理生化反应不能正常进行。再次，氮是叶绿素的必要成分，如果没有氮，叶绿素就不能形成，光合作用就不能进行。

玉米植株中磷的含量虽比氮、钾少，但其生理作用是非常重要的。磷通常以正磷酸盐形式进入根系被玉米植株吸收，并很快转化为磷脂、核酸和某些辅酶。磷是细胞的重要成分之一，并且直接参与糖、蛋白质和脂肪的代谢。因此，磷对玉米的生长发育和各种生理过程均有促进作用。磷还可促进茎叶的糖与淀粉的合成，并可促使其向籽粒中运输，增加千粒重，提高品质。

钾在玉米体内呈离子状态，不参与有机化合物的组成，但是可以促进蛋白质合成，促进光合作用，促进玉米植株碳水化合物的合成和运输，调节水分状况等。

对不同生育期玉米叶片氮、磷、钾素含量汇总分析的结果表明：不受降尘处理的玉米叶片中的氮、磷、钾素含量均高于受降尘处理的叶片。但两处理间差异均不显著（见图 7－5）。

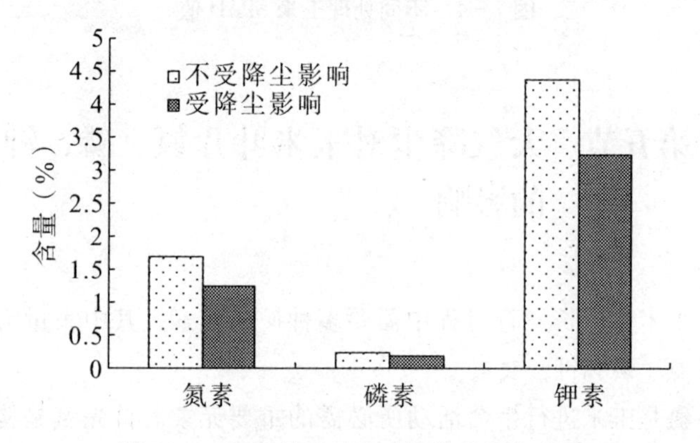

图 7－5　不同处理玉米叶片营养元素含量

第六节　小结

一、大气降尘对玉米生长指标的影响

在玉米的各个生长发育阶段，受降尘影响后玉米的株高、茎粗均减小。由此说明降尘会限制玉米的生长发育。

玉米同化产物的累积可以用干物质产量来表示。玉米植株的生长过程，实际是干物质不断积累的过程，籽粒产量形成具体表现为干物质的积累及在各器官中的分配。因此，干物质生产是形成玉米籽粒产量的物质基础。本研究表明，受降尘影响后叶片中干物质的积累量会下降，而根、茎中的干物质累积量增加。由此说明，降尘会影响叶片的光合作用，造成叶片中干物质积累量减少。

二、大气降尘对玉米叶片光合特性及叶绿素含量的影响

光合作用是玉米干物质积累和籽粒产量形成的物质基础。通过光合作用，玉米将二氧化碳和水同化为富含能量的有机物。在植株的总干物质重量中，光合作用所形成的有机物约占95%，矿质元素仅占5%左右。因此，光合作用所形成的有机物多少，直接决定着玉米的生物产量高低。

本研究说明，玉米叶片的净光合速率明显高于棉花叶片。这与玉米叶片的结构和光合途径有关。玉米叶肉细胞和维管束鞘细胞都含有叶绿体，光合作用是由两种叶绿体完成的，光合效率较高。另外，玉米的碳同化途径是两条碳同化途径结合完成的，主要存在于叶肉细胞中的PEP羧化酶活性显著高于RuDP羧化酶，对 CO_2 的亲和力大，捕捉 CO_2 的能力强，有利于将 CO_2 集中于鞘细胞中去。

另外，本研究也表明受降尘影响后玉米叶片的净光合速率、胞间二氧化碳浓度、气孔导度及蒸腾速率均会下降。这是因为降尘堵塞了气孔，造成气孔导度下降；气孔导度降低，使 CO_2 供应受阻，从而使胞间 CO_2 浓度降低；气孔被堵塞后，气孔的传导能力下降，叶温升高，水汽扩散能力受阻，从而导致净光合速率和蒸腾速率的下降。

此外，本研究还表明受降尘影响后的玉米叶片中的叶绿素含量会有明显下降。

三、大气降尘对玉米氮、磷、钾素的影响

对不同生育期玉米叶片氮、磷、钾素含量汇总分析，结果表明不受降尘处理的玉米叶片中的氮、磷、钾素含量均高于受降尘处理的叶片，即降尘会限制玉米叶片对氮、磷、钾的吸收。这是因为受降尘影响后，叶片的光合作用下降，干物质累积量也随之下降，从而造成对氮、磷、钾素的需求量减少。

参考文献

[1] HUSAR. R. B., J. M. PROSPERO, L. L. STOWE. Characerization of tropospheric aeosols over the oceans with the NOAA advanced very high resolution radiometer optical thickness operational product [J]. J. Geophys. Res., 1997, 102 (16): 16, 889 - 16, 909.

[2] Herman. J. R., P. K. Bhartia, O. Torres, C. Hsu, C. Seffor, E. Celaries. Global distribution of UV - absorbing aerosols from Nimbus - 7/TOMS data [J]. J Gephys. Res., 1997: 102, 16, 911 - 16, 922.

[3] FENG Q, ENDO K N, CHENG G D. Dust storms in China a case stuyd of dust storm variation and dust chaarceristics [J]. Bull Eng geol env, 2002, 61 (3): 253 - 261.

[4] WANG S, WANG J, ZHOU Z, et al. Regional characteristics of three kinds of dust storm events in China [J]. Atmospheric Environment, 2005, 39 (3): 509 - 520.

[5] TERADA H, UEDA H, WANG Z. Trend of acid rain and neutralization by yellow sand in east Asia - a numerical study [J]. Atmospheric Enviroment, 2002, 36 (3): 503 - 509.

[6] PANDEY. D. D, SINHA. C. S. Effect of dust pollution on biomass, chlorophyll and grain characteristics of maize [J]. Environment and Ecology, 1991, 9 (3): 617-620.

[7] MIGAHID M M, DARIER S M. Effect of cement dust on three halophytic species of the mediterranean salt marshes Egypt [J]. Journal of Arid Environmengs, 1995, 30 (3): 361-366.

[8] SHUKLA J, PANDEY V, SINGH S N, et al. Effect of cement dust on growth and yield of Brassica campestris [J]. En-vironmental Pollution, 1990, 66 (1): 81-88.

[9] PANDEY D. Impact of cement dust pollution on biomass, chlorophyll, nuterents and grain characteristics of wheat [J]. Environment and Ecology, 1996, 14 (4): 872-875.

[10] PANES V A, ZAMORA P M. Leaf epidermal features of four Philippine plants as indicators of cement dust pollution [J]. Philippine Journal of Science, 1991, 120 (3): 249-267.

[11] GUGGENHOIM R. Umwelt Bundes [J]. Amt, 1980, 79: 462-468.

[12] LEE. H. N, Y. IGARASHI, M. CHIBA, et al. Global Model Simulations of the Transport of Asian and Sahara Dust: Total Deposition of Dust Mass in Japan. Water [J], Air & Soil Pollution, 2006, 169 (4): 137-166.

[13] FARMER A M. The effects of dust on vegetation a review [J]. Environment Pollution. 1992, 79: 1, 63-75, 97.

[14] DURGE D V, PHADNAWIS B N. Effect of dust pollution on bilmass production and yield of aecstivum wheat [J]. Annais of Plant Physiology, 1994, 8 (2): 146-152.

[15] HIRANO T, KIYOTA M, AIGA I. Physical effects of dust on leaf physiology of cucumber and kidney bean plants [J]. Environmental Pollution, 1995, 89 (3): 255 - 261.

[16] WYTTENBANCH A. Major and trace elements in the twig axes of Norway spruce and the relationship between tuig axis and needles [J]. Trees structure and Function, 1988, 2 (4): 204 - 212.

[17] VARDAKA E, COOK C M, LANARAS T, etal. Effect of dust from a limestone quarry on the photosynthesis of Quercus coccifera, an evergreen schlerophllous shrub [J]. Bulletin of Enviromental Comtamination and Toxicology, 1995, 54 (3): 414 - 419.

[18] RAUPACH M, MC TAINSHI G, LEYS J. Estimates of dust mass inrecent major Australian duststorms [J]. Australian Journal of Soil and Water Conservation, 1994, 7: 3, 20 - 24, 14.

[19] BANAT K M, HOWARI F M, AL - HAMA A A. Heavy Metals in Urban Soils of Central Jordan: Should we Worry about Their Environmental Risks [J]. Environmental Research, 2005, 97: 258 - 273.

[20] ROYA BAHREINI, JOSE L. JIMENEZ, JIAN WANG, et al. Aircraft - based aerosol size and composition measurements during ACE - Asia using an Aerodyne aerosol mall spectrometer. [J] Journal of geoghysical research, 2003, 108: 8645 - 8667.

[21] SAMUEL K. MARX, HAMISH A. MCGOWAN. Dust transportation and deposition in a superhumid environment [J], West Coast, South I sland, New Zealand. Catena, 2005, 59 (2): 147 - 171.

[22] GUO J H, KENNETH A. RAHN GUOSHUN ZHUANG.

A mechanism for the increase of pollution elements in dust storms in Beijing [J], Atmospheric Environment, 2004 (38), 855 - 862.

[23] SUTHERLAND R A. Bed Sediment Associated - Trace Metals in Urban Stream [J], Oahu, Hawii, Environ Geol, 2000, 39: 61 - 627.

[24] WOITKE P , WELLMITZ J, HELM D, et al. Analysis and Assessment of Heavy Pollution in Suspended Solids and Sediments of the River Danube [J]. Chemosphere, 2003, 51: 633 - 642.

[25] SAUR, E. Water Air Soil Pollution [J]. 1994, 73 (1/4): 235 - 246.

[26] VOUTSA, D, et al. Environ. Pollute [J]. 1996, 94 (3): 325 - 335.

[27] PANDEY D D, SINHA C S. Effect of coal dust pollution on biomass chlorophyll and grain characteristics of maize [J]. Environment and Ecology, 1991, 9 (3): 617 - 620.

[28] SHUKLA J, PANDEY V, SINGH S N, etal. Effect of cement dust on growth and yield of Brassica campestris [J]. Environmental Pollution, 190, 66 (1): 81 - 88.

[29] PANDEY D. Impact of cement dust pollution on biomass, chlorophyll, nutrients and grain characteristic of wheat [J]. Environment and Ecology, 1996, 14 (4): 872 - 875.

[30] HEARN A B. Cotton Nutrition. Field Crop Astract [J], 1980, 34: 11 - 34.

[31] 刘蔚，王涛. 我国沙尘暴变化及降尘特征研究 [J]. 干旱区资源与环境，2004，18 (1)：26 - 32.

[32] 刘树华，刘新民，高尚玉. 沙尘暴天气的研究分析

[J]. 北京大学学报，1994，30（5）：589－595.

[33] 张平，杨德保，尚可政，等. 2002 年春季中国沙尘天气与物理量场的相关分析 [J]. 中国沙漠，2003，23（6）：675－680.

[34] 祝廷成，周守标. 全面认识沙尘暴 [M]. 北京：气象出版社，2002：7－12.

[35] 霍文，艾力，李霞，等. 塔里木盆地 2004 年春季沙尘暴特征分析 [J]. 干旱区研究，2006，23（2）：210－215.

[36] 千式功，周白江. 中国沙尘大气的区域特征 [J]. 地理学报，2003，58（2）：193－200.

[37] 张宁，黄维. 沙尘暴降尘在甘肃的沉降状况研究 [J]. 中国沙漠，1998，18（1）：32－31.

[38] 刘玉璋，曹悦卿. 塔里木盆地人气降尘初步观测研究 [J]. 中国沙漠，1994，14（3）：18－23.

[39] 肖洪浪，张继贤. 腾格里沙漠东南缘降尘粒度特征和沉积速率 [J]. 中国沙漠，1997，17（2）：127－132。

[40] 孙羲，饶立华，秦遂初，等. 棉花钾素营养与上壤钾素供应水平 [J]. 土壤学报，1990，27（2）：166－171.

[41] 全浩. 关于中国西北地区沙尘暴及其黄沙气溶胶高空传输路线的探讨 [J]. 环境科学，1993，14（5）：60－64.

[42] 杨青，何清. 日本在沙尘暴方面的研究进展 [J]. 新疆气象，2002，25（3）：1－4.

[43] 瞿章，许宝玉. “930505” 沙尘暴的若干启示 [J]. 干旱区地理，1994，17（10）：63－66.

[44] 介冬梅，祝廷成，等. 中国草原带与东亚沙尘暴 [J]. 草地学报，2003，11（1）：3－9.

[45] 孟范平，傅柳松. 灰尘的理化性质及其对土壤和植被的影响［J］. 环境科学研究进展，1996，4（4）：21－27.

[46] 徐德源. 新疆农业气候资源及区划［M］. 北京：气象出版社，1989：103－107.

[47] 王式功，辛春兰. 我国西北地区“94.4”沙尘暴成因探讨［J］. 中国沙漠，1995，15（4）：332－38.

[48] 高庆先，任阵海，等. 沙尘天气对大气环境影响［M］. 北京：科学出版社，2010。

[49] 钱云，符涂斌，淑瑜. 沙尘气溶胶与气候变化［J］. 地球科学进展，1999，14（4），391－394.

[50] 王平，陈新平，田长彦. 新疆南部地区棉花施肥现状及评价［J］. 干旱区研究，2005，22（2）：264－269.

[51] 王明星，张仁健. 大气气溶胶研究的前沿问题［J］. 气候与环境研究，2001，6（1）：119－124.

[52] 钱正安，贺慧霞，瞿章，等. 我国西北地区沙尘暴的分级标准和个例谱及其统计特征［M］. 中国沙尘暴研究，北京：气象出版社，1997.

[53] 王式功，董光荣，陈惠忠，等. 沙尘暴研究的进展［J］. 中国沙漠，2000，20（4）：349－356.

[54] 李耀辉. 近年来我国沙尘暴研究的新进展［J］. 中国沙漠，2004，24（5）：616－622.

[55] 秦大河. 沙尘暴［M］. 北京：中国气象出版社，2003：1－10.

[56] 何清，赵景峰. 塔里木盆地浮尘时空分布及对环境影响的研究［J］. 中国沙漠，1997，17（2）：119－126.

[57] 任正昌，李宏江. 大气降尘量的粗略观测［J］. 新疆

气象，1988，(9)：41－47.

［58］赵元杰，周兴佳．塔里木沙漠公路沿线沙物质特征及环境意义［J］．干旱区研究，1999，16（3）：53－58.

［59］徐希慧．塔里木盆地沙尘暴的卫星云图特征［J］．新疆气象，1993，16（3）：19－23.

［60］张德二．我国历史时期以来降尘的天气气候学初步分析［J］．中国科学（B辑），1984，(3)：278－288.

［61］张宁，等．兰州市大气降尘沉积物的粒度分布特征研究［J］．干旱区环境监测，1998，12（1）：15－19.

［62］刘玉璋，等．塔里木盆地大气降尘初步观测研究［J］．中国沙漠，1994，14（3）：18－23.

［63］关欣，李巧云，文倩，等．新疆西部降尘对土壤性质的影响［J］．土壤，2000，(4)，178－182.

［64］文倩，关欣，崔卫国．和田地区大气降尘对土坡作用的研究［J］．干旱区研究，2002，19（3）：1－5.

［65］温达志，陆耀东，旷远文，等．39种木本植物对大气污染的生理生态反应与敏感性［J］．热带亚热带植物学报，2003，11（4）：341－347.

［66］李江风．塔克拉玛干沙漠和周边山区天气气候［M］．北京：科学出版社，2003.

［67］季方．塔里木盆地绿洲土壤水盐动态变化与调控［M］．北京：海洋出版社，2001.

［68］中国科学院新疆综合考察队．新疆地貌［M］．北京：科学出版社，1978.

［69］龚子同，等．中国土壤系统分类（理论·方法·实践）［M］．北京：科学出版社，1999.

[70] 叶学齐. 塔里木盆地 [M]. 上海：商务印书馆，1959.

[71] 宋郁东，樊自立，雷志栋，等. 中国塔里木河水资源与生态问题研究 [M]. 新疆：新疆人民出版社，2000.

[72] 管海晏，王学佑，等. 塔里木盆地遥感地质 [M]. 北京：地质出版社，1997.

[73] 潘晓玲，党荣理，伍光和. 西北干旱荒漠区植物区系地理与资源利用 [M]. 北京：科学出版社，2001.

[74] 蒲春玲，陈前利，孟梅. 环塔里木盆地区域经济制度变迁的因子分析 [J]. 现代经济，2007，6 (7)：69－71.

[75] 石晶，朱晓玲. 新疆环塔里木盆地经济圈的资源优势与发展对策 [J]. 农业现代化研究，2007，28 (6)：657－663.

[76] 新疆维吾尔自治区统计局. 新疆统计年鉴 (2002，2007) [M]. 北京：中国统计出版社，2002，2007.

[77] 罗春晏，农毅，等. 对南疆地区发展林果业的思考 [J]. 新疆林业，2006 (6)：21－22.

[78] 赵松桥. 中国干旱地区自然地理 [M]. 北京：科学出版社，1985.

[79] 曲东. 环境监测 [M]. 北京：中国农业出版社，2007.

[80] 于瑞连，胡恭任，袁星，等. 大气降尘中重金属污染源解析研究进展 [J]. 地球与环境，37 (1)：73－78.

[81] 王建勋，庞新安，伍维模，等. 新疆阿拉尔垦区棉花种植气候生产潜力分析 [J]. 干旱区研究，2006，23 (4)：623－625.

[82] 何增耀. 环境监测 [M]. 北京：中国农业出版社，2002.

[83] 王健，等. 新疆优势瓜果与气候 [M]. 北京：气象出版社，2006.

[84] 马国瑞. 园艺植物营养与施肥 [M]. 北京：中国农业出版社，1992.

[85] 朱慧，马瑞昊，吴双桃，等. 五爪金龙对其草本半生部分生理指标的影响 [J]. 武汉植物学研究，2007，25 (1)：75-78.

[86] 吴忠华. 库尔勒香梨优质丰产栽培技术 [M]. 乌鲁木齐：新疆科学技术出版社，2004.

[87] 北京农业大学. 农业化学（总论）[M]. 北京：中国农业出版社，2000.

[88] 郝乃斌. 高光效大豆光合特性的研究 [J]. 大豆科学，1998 (3)：283-286.

[89] 刘贞琦. 水稻叶绿素含量及其与光合速率关系的研究 [J]. 作物学报，1984，10 (1)：57-60.

[90] 赵化周，薛国典. 小麦叶片叶绿素含量系统变化规律的研究 [J]. 麦类作物，1999 (2)：36-38.

[91] 潘瑞炽，董愚得. 植物生理学 [M]. 北京：高等教育出版社，1995.

[92] 陈雄文. 植物叶片对沙尘的短时间生理生态反应 [J]. 植物学报，2001，43 (10)：1028-1064.

[93] 杨茂生，姜在民，梅秀英，等. 粉尘污染对黄帝陵侧柏一些生理指标及生长的影响 [J]. 干旱地区农业研究，1994，12 (4)：99-104.

[94] 束怀瑞，等. 苹果学 [M]. 北京：中国农业出版社，1999.

[95] 新疆生产建设兵团农业局. 新疆兵团果树品种志

[M]. 乌鲁木齐：新疆人民出版社，1991.

[96] 王荣栋，尹经章. 作物栽培学 [M]. 北京：高等教育出版社，2005.

[97] 毛树春. 棉花营养与施肥 [M]. 北京：中国农业出版社，1992.

[98] 谭金芳. 作物施肥原理与技术 [M]. 北京：中国农业出版社，2003.

[99] 薛世川，彭正萍. 玉米科学施肥技术 [M]. 北京：金盾出版社，2006.

[100] 杨永胜. 供氮水平对玉米生长性状及产量的影响 [J]. 河北农业科学，2009，13 (6)：42 - 43.

[101] 唐锦福，贾忠军，陈志国. 氮肥不同施用量对玉米性状及产量的影响 [J]. 现代农业，2009 (7)：9 - 10.

[102] 中丽霞，王璞，张软斌. 施氮对不同种植密度卜夏玉米产量及子粒灌浆的影响 [J]. 植物营养与肥料学报，2005，11 (3)：314 - 319.

[103] 杨德光，牛海燕，张洪旭，等. 氮胁迫和非胁迫对春玉米产量与品质的影响 [J]. 玉米科学，2008，16 (4)：55 - 57.

[104] 可萍，金继运，李文娟，等. 施钾对高油玉米和普通玉米吸钾特性及子粒产量的品质的影响 [J]. 植物营养与肥料学报，2005，11 (5)：620 - 626.

[105] 陈范俊，米国华，崔振岭，等. 玉米杂交种氮效率遗传相关与通径分析 [J]. 玉米科学，2002. 10 (1)：10 - 12.

[106] 王立春，谢佳贵，尹彩伙，等. 不同氮磷钾营养水平对优质玉米产量及其构成因素的影响 [J]. 吉林农业科学，2006，31 (6)：16 - 18.

[107] 倪大鹏，刘强，阴卫军，等. 施钾时期和施钾量对玉米产量形成的影响 [J]. 山东农业科学，2007 (4)：82－83.

[108] 胡昌浩. 玉米栽培生理 [M]. 北京：中国农业出版社，1995.

[109] 张新寰，李维鼎，饶春富. 新疆玉米高产栽培技术 [M]. 乌鲁木齐：新疆科技卫生出版社，2000.

[110] 浙江农业大学. 植物营养与肥料 [M]. 北京：中国农业出版社，1991.

[111] 方宗义，朱福康，江吉喜. 中国沙尘暴研究 [M]. 北京：气象出版社，1996.

附　录

附表 1　　　　国际原子量表（1979 年）

元素		原子量	元素		原子量	元素		原子量
Ag	银	107.868	H	氢	1.0079	Rb	铷	85.4678
Al	铝	26.98154	He	氦	4.0026	Rh	铑	102.9055
Ar	氩	390948	Hg	汞	200.59	Rn	氡	222
As	砷	74.9216	I	碘	126.9045	Ru	钌	101.07
Au	金	196.9665	In	铟	114.82	S	硫	32.06
B	硼	10.81	K	钾	39.098	Sb	锑	121.75
Ba	钡	137.33	Kr	氪	83.8	Sc	钪	44.9559
Be	铍	9.01218	La	镧	138.9055	Se	硒	78.966
Bi	铋	208.9804	Li	锂	6.941	Si	硅	28.0855
Br	溴	79.904	Mg	镁	24.305	Sn	锡	118.69
C	碳	12.011	Mn	锰	54.938	Sr	锶	87.62
Ca	钙	40.08	Mo	钼	95.94	Te	碲	127.6
Cd	镉	112.41	N	氮	14.0067	Th	钍	232.0381
Ce	铈	140.12	Na	钠	22.98977	Ti	钛	47.9
Cl	氯	35.453	Ne	氖	20.179	Tl	铊	204.37
Co	钴	58.9332	Ni	镍	58.7	U	铀	238.029
Cr	铬	51.996	O	氧	15.9994	V	钒	50.9425
Cs	铯	132.9054	Os	锇	190.2	W	钨	183.85
Cu	铜	63.546	P	磷	30.97376	Xe	氙	131.29
F	氟	18.998403	Pb	铅	207.2	Zn	锌	65.39
Fe	铁	55.847	Pd	钯	106.4	Zr	锆	91.22
Ga	镓	69.72	Pt	铂	195.09			
Ge	锗	72.59	Ra	镭	226.0254			

附表2　常用法定计量单位与废止计量单位之间的转换关系

量的单位	非法定计量单位表达式①	法定计量单位表达式②	由①换成②的乘数
物质B的浓度 ($c_B = n_B \cdot V^{-1}$)	1N HCl 1N H_2SO_4 1N H_2SO_4 1N $K_2Cr_2O_7$ 1N $K_2Cr_2O_7$ 1N $KMnO_4$ 1N $KMnO_4$ 1M HCl 1M H_2SO_4 1M $K_2Cr_2O_7$ 1M $KMnO_4$	$c(HCl) = 1mol \cdot l^{-1}$ $c(1/2H_2SO_4) = 1mol \cdot l^{-1}$ $c(H_2SO_4) = 1/2mol \cdot l^{-1}$ $c(1/6\ K_2Cr_2O_7) = 1mol \cdot l^{-1}$ $c(K_2Cr_2O_7) = 1/6mol \cdot l^{-1}$ $c(1/5\ KMnO_4) = 1mol \cdot l^{-1}$ $c(KMnO_4) = 1/5\ mol \cdot l^{-1}$ $c(HCl) = 1mol \cdot l^{-1}$ $c(H_2SO_4) = 1mol \cdot l^{-1}$ $c(K_2Cr_2O_7) = 1mol \cdot l^{-1}$ $c(KMnO_4) = 1mol \cdot l^{-1}$	1 1 1/2 1 1/6 1 1/5 1 1 1 1
交换量CEC	meq/100g	$cmol \cdot kg^{-1}$	1
物质B的质量浓度 ($\rho_B = m_B \cdot V^{-1}$)	5%(W/V)NaCl 5%(W/V)HCl 1ppm P 1ppb Se	$\rho(NaCl) = 50g \cdot L^{-1}$ $\rho(HCl) = 50g \cdot L^{-1}$ $\rho(P) = 1mg \cdot L^{-1}$或$1\mu g \cdot ml^{-1}$ $\rho(Se) = 1\mu g \cdot ml^{-1}$	10 10 1 1
物质B的质量分数 ($\omega_B = m_B \cdot m^{-1}$)	5%(W/W)NaCl 1ppm P 1ppb Se	$\omega(NaCl) = 0.05 = 5\%$ $\omega(P) = 1 \times 10^{-6}$或$\omega(P) = 1mg \cdot kg^{-1}$ $\omega(Se) = 1 \times 10^{-9}$或$\omega(Se) = 1\mu g \cdot kg^{-1}$	1 1 1
物质B的体积分数 ($\psi_B = V_B \cdot V^{-1}$)	5%(V/V)HCl 5%(V/V)	$\psi(HCl) = 0.05 = 5\%$ $\psi(HCl) = 50\ ml \cdot L^{-1}$	1 10
体积比($V_1 : V_2$)	1+1 HCl 1+1 H_2SO_4 3+1 HCl : HNO_3	HCl (1 : 1) H_2SO_4(1 : 1) HNO_3(3 : 1)	
(旋)转速(度)(n)	rpm	$r \cdot min^{-1}$或$(1/60)s^{-1}$	1
压力和压强(p)	bar atm(760mmHg) mmH_2O	kPa kPa Pa	10^2 101.325 9.80665
面积(A)	市亩 市亩	m^2 hm^2	666.66 0.06666

附表 3　　果树不同器官中营养元素含量　　单位:%

元素	果树种类	果实	叶	营养枝	结果枝	干和多年生枝	根
N	苹果	0.40~0.80	2.30	0.54	0.88	0.49	0.32
	梨	0.40~0.70	2.25	0.57	0.99	0.52	0.40
	李	0.71~1.20	3.00	0.43	0.97	0.37	0.34
	葡萄	0.76	2.42	—	0.71	0.41	1.25
P_2O_5	苹果	0.09~0.20	0.45	0.14	0.28	0.12	0.11
	梨	0.1~0.25	0.32	0.11	0.40	0.09	0.17
	李	0.22~0.30	0.60	0.10	0.27	0.09	0.12
	葡萄	0.3	0.41	—	0.32	0.34	0.34
K_2O	苹果	1.2	1.6	0.29	0.52	0.27	0.23
	梨	1.10	1.50	0.34	0.51	0.33	0.34
	李	1.41~2.27	—	0.25	0.43	0.21	0.21
	葡萄	1.04	1.78	—	0.59	0.32	0.38
Cao	苹果	0.10	3.00	1.42	2.73	1.28	0.54
	梨	0.20	2.00	1.42	2.61	1.29	0.52
	李	0.11	3.00	0.87	2.31	0.65	0.59
	葡萄	0.57	3.20	—	0.83	0.94	1.09

附表 4　　苹果树叶内矿质元素含量的标准值

（李港丽，1987）

元素＼含量范围		缺乏	低值	正常值	高值	中毒
常量元素（干重百分数%）						
N	范围	<1.5	1.5~2.0	2.0~2.6	>2.6	
	平均值	1.67±0.21	1.94±0.23	2.29±0.31	2.41±0.44	
P	范围	<0.13	0.10~0.15	0.15~0.23	>0.23	0.37
	平均值	0.104±0.02	0.136±0.02	0.207±0.03		
K	范围	<0.8	0.8~1.4	1.0~2.0	>2.0	
	平均值	0.64±0.18	1.0	1.56±0.47	1.95±0.09	
Ca	范围	<0.72	0.72~1.0	1.0~2.0	>2.0	
	平均值	0.63±0.06	0.81±0.13	1.53±0.32		
Mg	范围	<0.15	0.15~2.0	0.22~0.35	>0.35	
	平均值	0.17±0.06		0.29±0.07		
微量元素（mg/kg 干重）						
Fe	范围			150~290		
	平均值			220±70		
Mn	范围	<20	20~25	25~150		
	平均值	13.6±6.3		64.0±25.3		
Cu	范围	<3	3~5	5~15	>15	
	平均值	3.1±1.2	3.8±0.3	8±4.9	20	
Zn	范围	<5	5~15	15~80	>80	
	平均值	12.2±8.6		48.2±34.8		
B	范围	5~15	15~20	20~60	60~120	>140
	平均值	13.8±6.2		35±22.2	40~120	

附表 5 库尔勒香梨等级指标

（中华人民共和国农业行业标准 NY/T 585－2002 库尔勒香梨）

项目	特级	一级	二级
单果质量（g）	120～160	100～120	80～100
果形	秃顶果不超过10%，无粗皮果、畸形果	秃顶果不超过20%，粗皮果不超过5%，无畸形果	允许秃顶果，粗皮果不超过20%，粗皮果不超过15%。
果梗（cm）	完整	完整	允许轻微损伤，但保留长度不少于1.5
色泽	红绿或带片（条）红晕	黄绿或带片（条）红晕	允许有一定偏差
洁净度（cm^2）	果面洁净	允许有少量污斑，总面积不超过1.0	允许有少量污斑，总面积不超过2.0
缺陷果（cm^2）	不允许	不允许有碰压伤、刺划伤、灼伤、虫果；允许磨伤轻微存在，单果面积不超过1.0，个数≤3%；允许轻微雹伤一处，单果面积不超过0.5	不允许有碰压伤、刺划伤；允许磨伤轻微存在，单果面积不超过2.0，个数≤5%；允许轻微雹伤2处，单果面积不超过2.0；允许灼伤轻微存在，单果面积不超过2.0，伤部果肉不得变软；允许干枯虫伤一处，总面积不少过0.1，深度不超过0.1cm
果实去皮硬度(帕)	49～68	49～68	39～78
可溶性固体物(%)	≥12.5	≥12.0	≥11.0
可滴定酸（%）	≤0.09	≤0.09	≤0.10
固酸比	≥140：1	≥130：1	≥12：1

附表 6　　新疆棉区主要生态条件及生产特点

		中熟棉亚区	早中熟叶塔次亚区	中熟塔哈次亚区	早熟棉亚区	特早熟棉亚区
主要生态条件	无霜期/d	≥200	206～239	186～216	175～220	175～189
	≥10℃积温/℃	4500～5400	4147～4658	3820～4366	3500～4100	3190～3550
	≥15℃积温/℃	4110～4980	3547～3999	3730～3844	3000～3200	2500～3000
	7月平均气温/℃	29～32.3	24.6～27.4	23.6～28.6	25.5～27.8	23～25.6
	全年日照时数/h	3000～3500	2700～3000	2700～3000	2700～2800	2850
	日照率/%	67～80	61～71	61～71	59～64	64
棉花生产特点	适宜品种棉	中熟陆地棉 中熟长绒棉	中早熟陆地棉 早熟长绒棉	早中熟陆地棉	早熟陆地棉	特早熟陆地棉
	栽培特点	合理密植、大棵	高密度、矮化	高密度、矮化	密度更大，植株较矮	超高密度，植株更矮
	主要病虫害	棉铃虫、棉蚜、枯萎病	棉铃虫、棉蚜、枯黄萎病	棉铃虫、棉蚜、枯黄萎病	棉蚜、棉叶螨、枯黄萎病	病虫较轻
生产概况	棉田占全疆/%	2.4	40.7	16.6	29.8	10.5
	棉花总产占全疆/%	1.9	40.4	16.4	31.9	9.3
	单产水平（kg/hm^2）	1234.7	1512.6	1508.9	1630.3	1356.7

附表 7　　　　新疆玉米种植的分布区划

分区		包括地区	无霜期/d	≥10℃积温/℃
春播玉米区	春播早、中熟玉米区	阿尔泰山南部和布克赛尔谷地，巴里坤盆地	95~150	1800~2800
	春播中、晚熟玉米区	天山北麓与焉耆、拜城、伊犁、塔城盆地	130~170	2800~3700
春播、夏播玉米混种区	春播晚熟与夏播中熟玉米区	塔里木盆地西部、南部（喀什、和田、克孜勒苏自治州）	210~220	4100~4600
	春播晚熟与夏播早熟玉米区	塔里木盆地北部（阿克苏、库尔勒、轮胎）	190~200	3500~4600
	吐鲁番—哈密玉米区	吐鲁番、哈密、伊吾盆地	180~230	4600~5600

附表 8　　　作物体内氮、磷、钾含量水平（%）

	作物	采样部位	采样时期	缺	低	中	高
氮素	棉花	叶片	蕾期	—	3.23	3.68	4.23
	叶片	初花期	—	2.15	3.69	4.03	
	叶片	花铃期	—	2.49	2.85	3.13	
	玉米	穗部下第一片叶	开花期	—	2.0~2.5	2.6~4.0	>4.0
磷素	棉花	上部第三、四叶柄	苗龄 60d	—	0.15	0.15~0.17	—
	玉米	最下穗轴下第一叶	抽穗期	<0.11	0.11~0.20	0.21~0.50	0.51~0.80
钾素	棉花	叶片	苗龄 5~7 个月	—	3.07	>3.20	—
	玉米	最下穗轴下第一叶	抽雄期	0.39~1.30	—	1.46~5.80	—